愿你
向着光亮那方,

活成
自己想要的模样

慕容若兮
著

🏛 中国出版集团 🔺现代出版社

图书在版编目（CIP）数据

愿你向着光亮那方，活成自己想要的模样 / 慕容若
兮著. -- 北京：现代出版社, 2018.4

ISBN 978-7-5143-6662-4

Ⅰ. ①愿… Ⅱ. ①慕… Ⅲ. ①成功心理—通俗读物
Ⅳ. ①B848.4-49

中国版本图书馆CIP数据核字(2018)第050440号

愿你向着光亮那方，活成自己想要的模样

作　　者：慕容若兮
责任编辑：王传丽　许晓善
出版发行：现代出版社
通信地址：北京市安定门外安华里504号
邮政编码：100011
电　　话：010-64267325　64245264（传真）
网　　址：www.1980xd.com
电子邮箱：xiandai@vip.sina.com
印　　刷：三河市宏盛印务有限公司

开　　本：880mm×1230mm　1/32　　字　　数：131千字
印　　张：7
版　　次：2018年4月第1版　　　　印　　次：2018年4月第1次印刷
书　　号：ISBN 978-7-5143-6662-4
定　　价：39.80元

世界对你好，

是因为你值得；

偶尔它欺负你，

是因为它想让你得到更好的！

目 录
Contsnts

【总会有人爱着你】

这个世界上，不是所有的备胎都值得被抛弃，也不是所有的暖男都是有目的地靠近你。有一种人，会在你温暖别人的时候温暖你，会在你伤心的时候陪着你，会在你孤独一人的时候，死皮赖脸地黏着你，他们没有暖男综合征，他们拥有一颗既悍匪又温柔的水晶心。你一定要相信，这个世界上，总有人爱着你。

【遗失的美好】

　　你不知道我有多么想，回到那个明媚的春日午后，对着那笑容灿烂的少年认认真真地说一次，是的，我喜欢你。

　　可是回不去就是回不去了，女汉子总有一颗坚强的心，包容过去，展望未来。我们可以怀念那些遗失的美好，却不能不珍惜眼前的一切，抬头挺胸朝前看，擦干眼泪才会有明天。

【你拥有的，却是我无法触及的天堂】

我很少写有关生命的文字，因为太过沉重。

一年有四季，四季有十二个月，十二个月有二十四个节气。而我们却无法预知自己的下一秒，我突然很想哭，可是又觉得自己很矫情。老徐说，人死了就会变成星星。二狗子批斗她是傻瓜，硬邦邦地塞到火化炉里，人就变成了渣渣。

我说，人死了，会变成花，开在那条叫作回忆的小路上。

默声而语最动听 / 165

【以幸福的名义让自己嚣张】

我从来不敢嘲笑有梦想的人。

因为那些人太可怕，梦想这玩意儿就像兴奋剂，一聊起来就容易让人亢奋。某本书上说：过自己想要的生活，上帝会让你付出代价，但最后，这个完整的自己，就是上帝还给你的利息。

而上帝当年给我的利息，就是让我嚣张自由地活了这么多年，依旧幸福。

总会有人爱着你

　　这个世界上，不是所有的备胎都值得被抛弃，也不是所有的暖男都是有目的地靠近你。有一种人，会在你温暖别人的时候温暖你，会在你伤心的时候陪着你，会在你孤独一人的时候，死皮赖脸地黏着你，他们没有暖男综合征，他们拥有一颗既悍匪又温柔的水晶心。你一定要相信，这个世界上，总有人爱着你。

女汉子也有春天

有这么一段话，说人的一生会遇到大概 2920 万人，两个人相爱的概率是 0.000049，所以你不爱我，我不怪你。虽然不知道这个概率是哪位专家推算出来的，但这句话告诉了我们一个中心两个基本点，中国人很多，爱很难……

周五半夜十二点，唐诗敲响了合租室友老刘的卧室门。看在唐诗承担了大部分房租的分上，刘承无奈地从床上爬起来，开车跟她去了酒吧，将已经大舌头的杜澜扛上车，送他回家。

初夏的深夜依旧有些微凉，刘承从后视镜里看到，一身酒气的杜澜靠着唐诗瘦弱的肩膀上昏昏欲睡，而唐诗则小心翼翼调整自己的身体，试图让杜澜更舒服一点。

刘承暗暗地想，这一幕要是让唐诗的同事看到，肯定自戳双目分分钟自杀。这哪里还是白日那个风风火火的女魔头，简直就是良家妇女、温柔贤妻！

只不过，唐诗的温柔，只给了杜澜。

唐诗，广告公司的创意总监，人送外号"唐三藏"，在前一分钟被客户否定了方案，后一分钟就能拿出三个不同方案任君挑选，顺便附赠笑脸盈盈下的咬牙切齿。周一到周五她脚踏十厘米高跟鞋在写字楼里扮演白骨精，双休和假期她套着肥大的睡衣，不修边幅地躺在沙发上等电话。

只要杜斓需要，唐诗就一定会准时出现在他身边，将他从灯红酒绿的酒吧里拖出来或者从陌生的地方把他找到。杜斓常说，唐诗是他的救世主。

可唐诗不想做他的救世主，她想做杜斓身边的女人。唐诗喜欢杜斓，喜欢了十二年。从青涩的小姑娘到职场上所向披靡的唐三藏，从十六岁到二十八岁，喜欢了整整一个十二生肖轮回。

上高中的时候，唐诗在一次篮球赛中对杜斓一见钟情。杜斓的三分球，仿佛一道闪电，一下子就劈上了她情窦初开的神经，用唐小姐的话说，那个瞬间就感觉自己突然像发了情的泰迪，直接就想上去扑倒他。

在爱情面前，每个女生的智商指数都不高。即便这样，在明知道杜斓有女朋友的前提下，她依旧开启了挖墙脚模式。每天安排宿舍好姐儿们蹲守一食堂、二食堂、三食堂以及学校大门外的小吃街，发现敌情立即飞奔而至，假装偶遇，假装碰瓷。在体育馆实行"一蹲二守三偶遇"政策，偷体育部的训练表，定时以一身运动装出现在杜斓视线里。一来二去，杜斓终于记住了这个跟自己喜好一样，甚至马虎到常常把汤汤水水洒自己一身的女生。

再后来就容易了，认识了后就交换了电话。偶尔故意发错几条搞笑的、伤心的、文艺女青年的短信，一来二去，两人虽不过分熟悉，却也成了能聊天的朋友。

都说，恋爱中的女人常常对异性有着异常的敏锐，在遇见了几次唐诗后，杜斓的女朋友终于忍不住出手删除了杜斓手机里唐诗的联系方式。

于是唐诗又和杜斓做成了点头之交，对于挖墙脚这事，唐诗的原则是不错过、不放过也不做第三者，她要正大光明堂堂正正地"在最恰好的时间，遇到最恰好的人"。自从微信被删除，唐诗便又开始偶尔发错几条短信，渐渐地，唐诗又变成了杜斓的短信聊天好友。

故事的高潮发生在圣诞节，高三学生为了庆祝最后一个圣诞节，准备好好疯狂一次。学校难得没有阻拦这次活动，于是杜斓便亲眼看见了一次华丽丽的背叛。校花女友跟隔壁班的学霸在楼道里接吻，这一幕被杜斓逮个正着。最后当然是杜斓伤了心，因为由始至终，校花都没有跟他解释什么，只淡淡地说了句，我们分手吧！

那一刻，杜斓的世界一片漆黑，他靠在楼梯间的扶手上，像个可怜的孩子。楼道下一层，白色羽绒服加大红围巾，手里提着一兜啤酒的唐诗，像救世主一样踢踢踏踏地跑了上来。

于是，他们终于，没羞没臊地——变成了好哥们儿！

每当回忆往事的时候，唐诗总是一脸苦逼地跟刘承说："我当时就应该像普通女生一样捧着奶茶过去！我提什么啤酒啊我！这下可好了，他倒是跟我成了老铁，可是却再也不把我当女生看了！"

　　年少时候的感情总是来得莫名其妙，却又无比忠贞。

　　好哥们儿，一处就是十二年，这十二年里。杜斓爱过很多人，每一次都是奋不顾身，每一次都是死去活来。每一次失恋，都是唐诗提着啤酒陪在杜斓的身边。她一直认为，只要他回头，就能看见自己，可惜的是，杜斓从来都是往前看。

　　而让唐诗更难过的是，杜斓这些年，始终没有真心爱过其他人，她知道他的心里，依旧装着当年的校花。暗恋本来就是一场不能言语的风花雪月，十二年的时光已经让唐诗变成了尽管心如刀绞、脸上也依旧会笑容灿烂的女汉子。

　　每当唐诗回忆往事的时候，都会对刘承深沉地说，"也许苦难的另一面就是机会，姐现在人格分裂就是当年的后果啊。"

　　其实，这世上，有些时候，看似不了了之的结束，其实才是开始。

　　比如现在，杜斓靠在唐诗的肩膀上，低低地说道："叶紫回来了。"

　　唐诗的心骤然一痛，如同被尖锐的匕首刺破胸膛。周围的空气被抽干，耳朵仿佛失聪，她能感受到自己的心跳，如同鼓点一样急促。不甘的，委屈的，落寞的，痛心的，想要把身边这个男人叫醒，告诉他自己已经陪了他整整十二年，她喜欢他了整整十二年。

可是杜斓的下一句话，却将唐诗真正丢进了冰窟窿。他说："叶紫还爱我，我也爱她。我们想结婚了，唐诗，你准备好大红包。哈哈。"

泪水终于绝堤，带着一百个不甘心，一千个委屈，一万个无奈。人生就是这样，不是你的，一开始不是，最后也不会是。

这个世界上，单恋上一个人，就是一段作茧自缚的过程。

变不成蝴蝶，也飞不过沧海。

唐诗一杯接一杯地灌酒，全程戴着墨镜，镜片几乎都湿了。从酒吧出来，唐诗的意识就进入了二次元，她觉得身边的所有人都在嘲笑她，笑她的自作多情，笑她的不自量力。她突然不想在街上傻站着了，随便推开了一家餐馆门。

这是一家西式餐厅，我们的唐诗小姐此刻已经基本断片儿，在餐厅里固执地要吃韭菜肉水饺。服务员哭笑不得地看着浑然不知自己在干什么的唐诗，只好找出她的电话。按着通讯录里最近联系人，打了过去。

刘承赶到餐厅的时候，唐诗已经躺在沙发上睡着。红扑扑的小脸上全是泪痕，跟往常那个倔强坚强的唐诗判若两人。刘承叹了口气，将她小心翼翼地扶到车子后座上躺好。

不知道过了多久，外面下起了大雨，刘承将车停在楼下，有些犯愁怎么把唐诗弄回家。正发愁，突然听到车门一响，原本躺在后座上的唐诗推开车门冲进了雨里。

刘承连忙抓起外套搭在头上向外跑，可惜雨太大，一会儿便把两人淋湿了。

唐诗呆滞地看着远方，脸上面无表情。忍无可忍的刘承只好抓着她的肩膀来回摇晃，半晌，她小声说："他终于等到了叶紫，他们要结婚了。"

"你说啥？"

"我说他要结婚了！我终于，彻底失去了他！可是我不甘心，我不甘心啊！我喜欢了他那么多年，我为他做了那么多！为什么他就是不肯回头看看我！为什么和他结婚的那个人不是我！"唐诗吼了出来。

"你从来都没有失去过他，因为他，从来都没属于过你，一分钟都没有！一个人喜不喜欢你，你自己肯定能感觉得到，为什么你就非得选择自欺欺人呢！你觉得你这么多年付出了，可是你除了做他随叫随到的跟班，你还做过什么？你做的这些，是个人都能做得到！亏你还把他当作宝，他牵过你的手吗？他给你送过一次饭吗？他陪你看过夕阳看过大雨吗？别扯着自己的暗恋就觉得多了不起，人家压根就没把你当备胎！你连备胎都不算懂不懂！"刘承的话脱口而出，说完又愣了愣，他突然后悔了，她已经够伤心了，自己又何必往她伤口上撒盐。

"那我要怎么办？这么多年，我已习惯了眼睛只看着他，只围着他生活了。以后不能再看着他了，我要怎么办？"唐诗脸上一片模糊，分不清是泪水还是雨水。

"难道你除了看着他，就看不到其他男人了吗？"刘承终于忍不住地大吼了起来。

"其他男人？你说谁？"唐诗睁大了眼睛，任凭雨水落进眼眶。

"唐诗，你可以向左边看看，我的卧室在你的左边；你也可以向右边看看，墙上的照片是你和我；你甚至可以回头看看，我一直就在你身后，你摔倒了我会扶，你哭了我会陪，你需要司机我会准时出现，你需要肩膀我会一辈子给你靠！"

唐诗醉眼蒙胧地盯着刘承看了一分钟，刘承紧张地咽了咽口水，以为唐诗要拒绝自己，谁知道唐诗冲他打了个嗝，一头栽倒，昏了过去。

没错，这个世界上，谁喜欢你，你肯定能门清。有时候我们不过是喜欢自欺欺人，以为这样就可以找个借口陪在对方身边。

其实，很多道理我们都懂，很多承诺都很动听。

人生最难的，是学会抽身，学会放下。

酒精加上淋雨，终于成功将唐小姐送进了医院。在医院里，唐诗第一次感受到被人照顾的温暖，刘承每天都会抱着保温桶出现在病房，就连护士站的小护士也纷纷夸奖唐诗找了一个好男友。

如果放在从前，唐诗肯定是要奋起反驳，可是现在，她却只是笑笑。刘承晚上的时候会给她带打折的鲜花，会帮她整理电脑里的邮件，会给她念自己写的故事。唐诗一直以为刘承没有工作，却第一次知道，他居然是网上那个出名的作家。

两个人都没有谈那个雨天里发生的一切，仿佛那些激烈的对白未曾出现过一样。这次住院，唐诗谁都没有说，刘承不在的时候，她一个人枕着胳膊，想了很久很久。

刘承有句话说得很对，自己为杜澜做的那些，是个人都能做，可笑自己还觉得能换来对方的感情。

其实，有些事，想明白了，也就那样。人生已经如此艰难，我们更要学会放过自己不是吗？这十二年，老娘错过了多少桃花运啊！

唐诗出院的时候，依旧是刘承来接她。她坐在后座上，看着想要说话却又不敢说话的刘承，忍不住笑了起来："有话快说，有屁快放！你看你憋屈的，就跟我是洪水猛兽一样！还不让你说话了啊！"

刘承看她语气轻松，便小心翼翼地说："杜澜来找过你，我说你出差了，他把喜帖留下了。"

接下来便是沉默，正当刘承以为她哭了的时候，便又听到唐诗笑嘻嘻地问："老刘，你说，我们包多少红包合适？"

刘承从后视镜里看着她，将车停在路边，转过身对她说："如果你想哭，就痛痛快快地哭出来，别忍着，对身体不好。如果你不想去，就在家里或者去上班，没有人要你非到现场不可。"

"我怕我会去抢亲。"唐诗视线转向窗外。

"唐诗，我们每个人都已经长大，步入了成年人的世界，但是我们却不愿意承认自己已经长大。总是在留恋那些过去的事情，那个一直爱着的人，那个一直不肯放手的自己。可是总是要放开的啊！不管你愿不愿意，时光已经让我们长大，即便你不情愿，也必须要清楚地知道，你其实爱的，只是那个年少时期的自己。你只是固执得不愿意面对现实。"刘承说完这些话，就开始安安稳稳地开车。

而唐诗则低下头，眼角有泪，悄悄划过。

她从一开始就清楚地知道，自己和杜澜没可能。只不过是觉得自己这么多年的执着，突然放弃有些可惜。她想要给自己的坚持一个交代，只要时间久了，心就可以凉了。

杜澜和叶紫的婚礼是在学校举行的，据说两个人是为了纪念彼此是初恋。气球鲜花，来客都被赠送了当年的校服同款，放眼过去，不知道的还以为现在的中学生都长得太着急了！

刘承怕唐诗真的去抢亲，死皮赖脸地跟着来了。两人找到班长，唐诗面无表情地把礼金交出去，跟着组织委员坐到了自己的位置上。

"真没想到，你居然也来了！"叶紫穿着一身白色小礼服，笑嘻嘻走过来。

唐诗有些尴尬。

"你不会是来抢亲的吧！"叶紫狡黠地眨眨眼睛。

唐诗笑了，很认真地摇了摇头。她很认真地看了看叶紫，时光似乎并没有在她身上留下痕迹，她依旧是清澈的眉眼和好看的模样。

真是太不公平了！唐诗暗暗地想。

就在两人大眼对小眼的时候，音乐突然响了起来，穿着礼服的杜斓拿着话筒突然开始唱歌，是哪首很老很老的《同桌的你》。

唐诗突然想起来，他和校花，曾经是同桌。如今，她的长发为他盘起，她的嫁衣为他穿起，她笑着走向他，他站在红地毯的一端等她。

然后，便听到杜斓很认真地说："感谢天，感谢地，感谢命运，让我又重新拥有了你。从今天开始，我们将永不分离！"

话音未落，便被新娘打断："杜斓，没有必要说那么文艺！这么多年，我发现无论我和谁在一起，都忘不掉你，我就知道完蛋了！老娘中了你的毒！不过我也不想要解药了！要死，我也要拉着你！"

周围一片欢呼，刘承偷偷看了一眼唐诗，发现她居然在笑。不是嘲讽，不是苦笑，是一种解脱之后轻松的笑。

就在刚刚那一刻，唐诗终于明白了，爱情是讲究正负极的，一个笑的，就得配一个哭的！就像杜斓，就得配一个能管住他的叶紫。就像女汉子，就得配一个宅男！

婚礼结束的时候，叶紫跑过来搂住唐诗，在她耳边轻轻地说："谢谢你唐诗，谢谢你这些年对杜斓的照顾，谢谢你一直没有点破窗户纸，谢谢你的成全！"

唐诗咧嘴一笑："你把我捧得太高尚了，我都不好意思跟你抢新郎了！"

两个女人同时笑了起来。这个世界上，哪有那么多恨啊爱啊！挥别错的才会和对的相逢，女汉子从来不畏惧失败，大不了从头再来！

晚饭是在家里做的，刘承在厨房里叮叮当当半小时，搞出了三菜一汤。全都是唐诗最爱吃的，餐具用的是唐诗最喜欢的凯蒂猫一家，米饭蒸得不硬不软刚刚好。热气腾腾的餐厅里，唐诗的心被一种叫作温暖的东西塞满了。

在没合租以前，她总是一个人吃饭，一个人点外卖，一个人随便鼓捣点儿东西吃。自从刘承搬进来，这个家似乎有点儿不一样了。

日子就这样波澜不惊地过了下去，唐诗对刘承，没拒绝也没接受。两个人始终保持合租室友的关系，但是唐诗却发现，不知道从什么时候开始，加班的时候刘承都会准时来接自己，安安静静地在一楼大厅等她从电梯里下来；周末的时候，刘承会邀请她去附近的古镇走走，拍很多好看的照片；不出门的时候，两个人就在家里做饭，刘承会煲很香的汤，做很多好吃的菜，唐诗从来不知道，男人也可以在厨房里这么帅。

没有意外，没有狗血，没有激情，就像温水一样，刘承慢慢侵入了唐诗的生活。想到刘承的时候，心里会暖暖的，还会莫名其妙地笑，就连一起工作的同事都发现了唐诗的变化。被客户刁难的时候，会忍不住在微信上向他吐槽，然后等对方发过来一个自拍鬼脸，坏心情瞬间就能变得美好。

在朋友圈刷到杜斓和叶紫秀恩爱的时候，突然不会觉得有什么了。唐诗才突然意识到，原来有个人，已经在不知不觉中，帮自己抹平了伤痕。

转眼到了第二年春天，唐诗二十九岁的生日终于来到了。像往常一样坐地铁上班，然后收到刘承发来的新书签售会的现场照。刘承是网络上著名的鬼才作家，每年都有几次签售会，这一次据说是为了一本特别的新书。照片上的刘承穿西装打领带，背景墙上的照片被他处理过模糊不清，桌子前摆着一摞新书，正冲着镜头傻乐。

"生日快乐！等我回去给你补过生日聚会！美丽的小姐，今天给你一个要礼物的权利，想要什么？告诉哥，满足你！"刘承发过来的信息，让唐诗忍不住笑了起来，亲，你土财主附身吗？

正想着，地铁已经到站，随着拥挤的人流，唐诗快步朝公司大门走去。突然，有人在身后拉了她一下，回身过去，居然是一个小姑娘。

"姐姐，你能帮我打个电话吗？我找不到妈妈了！"

真是一个粗心的妈妈，唐诗连忙掏出手机要帮小姑娘打电话，猛然间，小姑娘对唐诗咧嘴一笑，一把夺过电话转身向外跑去！

靠！光天化日，明抢啊！小小年纪不学好，看姑娘我逮住你不好好教育教育你！唐诗将脚下高跟鞋一脱，顺手塞进包里，拔腿就追！

眼看就要追到小姑娘，却突然被一群穿着运动装的中学生挡住了去路。不会这么点背吧！这里什么时候有了中学生！

正当唐诗懊恼的时候，音乐突然响起，她才发现不知不觉中，已经来到了公司附近的广场上。中学生们听到音乐，立即嘻嘻哈哈地分散开来，在她面前跳起了舞。接着，室外电子屏上突然播放出一段视频，那是这半年多来，刘承用相机记录的点点滴滴，微笑的唐诗，沉默的唐诗，哭泣的唐诗，甚至还有睡着的唐诗。

唐诗瞬间傻掉了。

任凭中学生们将她拥进广场中心，那里已经有一群人在等待。穿西装打领带的刘承，背后是一本新书的广告，新书的名字很动人《爱上一个女汉子》。看见唐诗赤脚走进来，刘承快步走过去，从她手提包里拿出高跟鞋，蹲在地上帮她穿好。唐诗此刻已经说不出话了，她觉得有点儿不太真实。

刘承单膝下跪，深吸一口气，刚要说话，就被唐诗一把拉起来。

"对不起。"唐诗认真地说。她的脑海里迅速回忆着，这一年多来与刘承相处的点点滴滴，他的温柔，他的安静，他的体贴，他对自己说的那些话，他为自己做过的那些事。

于是，唐诗伸手抢过刘承手里的戒指，单膝跪在刘承面前，她仰起头，大眼睛里满是认真地说："嗯，我不会说话，你写过那么多爱情故事，有时间写写我们吧！我爱你，你愿意嫁给我吗？"

"荣幸之至，有生之年，请多照顾！"没等唐诗反应过来，刘承一把将她搂到怀里，两个人终于没羞没臊地吻了起来。

唐三藏变成了刘太太，她的头发终于留了起来，也学会了煲汤，学会了拍照。

唐诗说，她不知道什么才是真正的爱情，她默默喜欢了杜斓十二年，然后嫁给了另一个人。她暗恋杜斓的时候，坚强，暴躁，勇敢，无畏。现在跟刘承在一起，她觉得自己很安静，很淡定，很温暖，也很胆小。因为她终于不用再像女金刚一样去保护别人，刘承给了她，一个宽广而温暖的怀抱。

真爱是什么，谁也不知道，但是我们就是知道，当那个人来了，我们就想跟他在一起，一直在一起。当那个人没来，也不要害怕，不要气馁。这世间人海茫茫，总要允许有些事会遗憾，有些人总是要错过，才会迎来不会遗憾、不会错过的相遇。

错过了也不要紧，反正山高水长，是你的总跑不掉，早晚还会遇到！

你说呢？

爱，就是勇气

遇到一个温暖的人，无须身骑白马，无须有五彩祥云，无须有金甲披身。只是在某个时间会遇到，在某个时刻会爱上。当我们真正爱一个人的时候，那些所谓的条件，就变成了一个笑话，伴随着笑容消散在空气里。

纯树和文雅在一起整整五个年头了，这对恋人的故事，是我听到过最不寻常的爱情。写之前，我问文雅，纯树会愿意把这个故事写出来吗？文雅笑着说，爱，就是勇气。

今天是文雅研究生毕业的日子，也是我们宿舍里要一起聚餐的日子，这天晚上，有一个重要的客人要来，文雅的男友纯树。

纯树看起来，是一个非常非常内向的大男孩。格子衬衫里面配了一件印着大大的哆啦A梦的白背心，他的手一直紧紧拉着文雅的手臂，就算是吃饭，还会不自觉地搭在她的身边。我和小伙伴们一直在有心无心地观察他。他低着头，只吃文雅为他夹的菜。自始至终，纯树都表现得很紧张，只有在文雅和大家聊天时，他才会跟着笑。其实这样看起来，他还是能听懂并且在听我们之间的谈话。

五年来，文雅没少和我们聊关于纯树的一些事情，聊纯树长得很可爱，聊纯树很不爱说话，聊纯树一紧张就会玩手指，聊纯树的点滴进步。我们从文雅的脸上看到一种叫作爱情的光芒，大家从一开始的好奇，渐渐变成了习惯，习惯文雅每次回来汇报纯树的进步。我们都知道，纯树的每一次进步，都是因为文雅，因为爱情。

五年前，上大学的文雅因为需要贴补家用，早早便出来做起了家教。来到纯树的家，是因为有次路过一间马场的门前挂着一块招聘牌子，家教费给得不多，只要教会几个字就可以。起初文雅还以为是个几岁的小孩子。没想到进去以后，纯树的父母把他们的儿子带到文雅的面前时，文雅傻了。

当时纯树和文雅差不多大，却从没上过学。浑身上下很干净，头发却是湿的，看得出来，他爸妈把他领出来之前，为他收拾了一番。纯树第一次见到文雅的时候，十分地紧张，缩在他妈妈的身后，怎么叫都不出来。他妈妈说，他从小就有自闭症。小时候为了不让他乱跑，就一直带着他生活在马场里。但是现在长大了，还是希望能让他懂个一字半字的，哪怕会写自己的名字也好。但是来了几个家教老师看见纯树的样子转身就走，他的父母还是非常希望文雅能留下来。文雅起初并没有马上答应，因为确实考虑着一些问题，万一教不了怎么办？万一根本就无法沟通又怎么办？如果把他惹火了，他会不会突然伤害她？

这些问题她都不知道，直到临走时，经过马场，文雅看见，骑在俊马上迎风奔跑的纯树，笑得那样爽朗，跟那个躲在妈妈后面的胆小男生好像完完全全不是一个人。于是文雅想了一晚上，第二天一早，再一次出现在马场前的时候，他妈妈差点哭了。

文雅觉得，纯树骑在马上的样子，看起来，一点儿也不像有自闭症的人。那天，算是文雅教纯树识字的第一天。他被妈妈强拉到桌子前，让纯树坐下来学习的时候，他死活都不去，最后干脆把本子撕了，笔也扔了。看着如同一头狮子一样暴怒的纯树，文雅被吓到了，接着他便跑了出去。

那天，天很热，他没吃午饭，文雅一个人端着两个人的饭，在马棚里看见了他，他坐在草料堆上，非常认真地一匹一匹地数着马棚里的马。其实，这马棚里的马，总共也就十二匹。后来，他妈妈对她说，纯树每天中午要整整数十次马，全部都数对，才会去吃饭。如今纯树的自闭症比小时候要好很多，至少知道数完马去吃饭，每天或多或少，会跟他的爸爸妈妈说上几句话。以往小时候，他都是一个人静静地待在马棚里，跟一匹匹的马儿静默以对，似乎它们才是他的亲人朋友。

所以，文雅端着饭没有打搅他，等他数完，才走了过去。他看着文雅走了过来，紧张得直接站起身，一步一步往马的身后缩。刚才的事让他感觉文雅似乎是一个坏人，要伤害他一样。文雅当时也不知道哪里来的勇气，心里很害怕，谨慎地观察他每一步动作，推测他下一步准备要做什么。但是。纯树只是躲在马的身后，盯着文雅看。

俩人大眼对小眼地看了五分钟，文雅扑哧一笑，伸手递过一碗饭给他："我们要不要一起吃？"

纯树好像没有听到他的话，直接把眼睛从她的身上移了开，不再看她。

这请求看来是失败了，文雅转头，认真打量身边的这匹马，全身棕色发亮的毛，干净地从它的脊柱顺流而下，健硕的肌肉使整个马都显得精神奕奕。文雅一手端着饭，一手摸到了马的前额上："这马是你养的吗？它真漂亮！"

那马先是动了动耳朵，然后，慢慢地闭上了眼睛，好像，特别享受文雅的抚摩。说实话，那是文雅第一次摸到马。即使是动物园，像羊驼那一类，她也都只是远远看着。而这匹马，文雅觉得它很温驯，所以让她安心到好像在摸自己家院里的大黄狗。

"它喜欢你。"一个声音从马的身后响了起来。文雅惊讶地转头看他，是纯树，不知道什么时候，他慢慢地放松了一些。虽然还是很怕文雅，但至少，已经开口和文雅说了第一句话。文雅不可思议地又从马的前额摸到鼻前，那马安静得闭上眼睛乖乖地等着她再抚摩一次。

"哇，我一开始很怕它，我怕它会踢我。"文雅欢喜极了，笑嘻嘻地说道。

"你喜欢它吗？"纯树又问道。

文雅点了点头："我可以在这里多待一会儿吗？因为我很喜欢它。"

纯树点了点头，一手拿过文雅手里的饭，坐回草料堆上，吃了起来。文雅也拿着自己的饭试着和他坐到一起。文雅能感觉到纯树一开始很紧张，但是慢慢地便放松了下来。文雅害怕他会赶她走，但他没有。文雅觉得，她还是可以与他交流的，纯树的世界也许并不是只有自己，他还有马儿。于是，文雅一边吃一边歪着头，看着他笑："你之前很怕我吗？"

纯树点了点头："不喜欢别人来。"

文雅夹起一口白菜吃了起来，好奇地又问："那现在呢？"

纯树几下便把饭吃完，起身，用刷马的梳子去整理马匹的毛。等了半天，才说："洛图它喜欢你，所以我也喜欢你。"

文雅一口菜没咽下去，直接被这句喜欢呛到了。咳了半天，这口气算是顺畅了。其实后来想想，纯树说的喜欢也许就像幼儿园小朋友间的表示友爱的方式的，确实是文雅想多了。

"你在这里吃饭，不会觉得很臭吗？"纯树突然主动开口，文雅惊讶面前这个自闭症男生和电脑视频里的自闭症患者不一样，他还是知道交流，会思考问题的。又或者和他妈妈说的差不多，他已经和小时候有了很大的进步了。

文雅摇了摇头，回他："还好啊，我们家是养猪场，我从小就习惯这些味道，不觉得怎样。"在他面前，文雅很自然地就告诉了他关于自己的一切。纯树给她的感觉，正如他的名字一样，很纯粹，不需要设防和担心他会看不起自己。说完，她指指刚才那匹让自己抚摸的马儿，问道："它的名字叫洛图吗？名字很好听噢。"

纯树没有回答她，自顾自地为马儿添着草料。文雅也没有强求他回答，反正饭也吃完了，下午她该回学校去了，临走，她想了想，继续说道："纯树那么喜欢洛图，你会写它的名字吗？"

纯树的手停了一下，就在文雅以为他会回答自己的时候，又继续打扫起来。文雅耸耸肩，在附近找了根木棍，在地上大大的写上了"洛图"两个字，笑眯眯地转头告诉纯树："我们最美丽的洛图小姐的名字就是这两个字，行啦，我走啦。"

说完，文雅拍着手走了。

再见到纯树是第二天的事，依旧是在那间马场里。文雅一边吃着从外面买来的草莓夹心面包，一边去马场找纯树。一进门，马场上，迎着晨曦骑着马的少年，让文雅看得着迷。纯树的五官长得很干净，他的个子很高，臂膀很壮，但也绝对不是那种满是大肉块的肌肉男。阳光下，他骑着马快速地奔跑在马场之中，好似这就是属于纯树的战场。无论别人怎么说他，怎么看他，他都毫不在意。或者说，他对别人说的不懂，懂得只有怎么去爱他的马以及同样也爱着他的马的人。

因为文雅也喜欢马儿，马儿同样喜欢文雅，所以纯树对文雅的好感上升得很快。那天，文雅拿着面包，对马场上的纯树喊了一嗓子。纯树发现了她，立即掉转了马头，向着文雅奔来。

文雅笑眯眯地看着，身上的碎花裙被风吹得扑扑地响："纯树，早上好。"

纯树看着她，问道："会骑马吗？"

文雅摇了摇头："不会，没有纯树这么厉害。"

纯树好像知道文雅在夸他，羞涩的表情终于了有了大男孩才有的感觉，文雅感到他有一点点的开心和自信。随即纯树表情好似烟花，瞬间绽开，又快速地消失了去。他从马上利索地跳下来，直直地站在了文雅的面前。纯树的个子确实很高，以至文雅需要抬起头看着他："你会写洛图姑娘的名字了吗？"文雅把他的马儿比成了人，因为她确实也非常非常地喜欢它。

纯树低下头，他的眼神很少注视在文雅的身上，而这次，倒是盯了她半天看："洛图是个雄马。"

文雅脸色唰一下变了，认真地咬了下嘴唇，直到咬疼了，才不好意思地笑了，硬着头皮，给自己和他找了一个能下得来台阶的答案："我看它那么温柔，我猜的……"文雅说完，觉得这话好像说的好没礼貌，但是，反正他估计也听不出来。

拍拍胸口，稍稍镇定下来。眼角余光，瞟见了在洛图的马鞍上，上面歪歪扭扭地刻着了两个字："洛图。"

文雅睁大了眼睛，用手指着这两个字，又指向纯树，半天才说道："是不是我们纯树刻上去的啊？"

纯树点了点头，文雅乐坏了："我就知道，昨天我看这马鞍上可是没有的，纯树太棒了。"这是文雅在人生中最难得的一次成就感，她从来没有想到，自己会教一个自闭症的男生学写字。刚开始的时候，她以为这会是一个漫长的工作，可是纯树却给了她一份出人意料的惊喜。或者说，纯树现在已经不是一个纯粹的自闭症患者，而是在这么多年以来，慢慢走出了属于孤独的那份可怕。

这世间总是会有奇迹出现，而奇迹的缔造者，却往往是最普通的人。很显然，文雅和纯树都没有发现，他们都在为彼此创造着奇迹。

正想着，文雅只觉得手里的面包吃劲，扭头一瞅。一张马的大嘴唇子"啪"夹住了面包，再离开时，文雅只觉得手一空，面包没了！

"我的面包！"文雅心疼地叫了起来，连惊带吓，转头看着纯树。纯树的表情略显微愉快，嘴角满足地看着他的洛图："洛图喜欢吃这个，还有吗？"

纯树话音刚落，还没等文雅反应过来，洛图便将嘴里的东西吃完了。似乎是闻到了美食的滋味，索性低着脖子，左嗅右嗅，将嘴巴探着了文雅挂在手臂上的纸袋，再抬起头时，又拎起了一块面包。

文雅一边笑，一边大叫起来："纯树，那是我给你带的面包，我的天啊！洛图的鼻子好厉害，我的天我的天……哈哈哈……"

从那以后，纯树便开始接受文雅这个老师的存在，对于文雅而言，这个特殊的学生让她也颇为用心。起初文雅还不觉得她与他有爱情的成分在里面，只是后来，随着时间的推移，那应该是第三个年头的事了。

因为文雅当时还在上大学，所以去马场的时间也就几个小时，到时间上课了，文雅就需要和纯树说再见了。彼时文雅穿着背心坐在宿舍的床上和我们说，她第一次觉得，被一个人那么需要，是多么地幸福。

只是因他每次都在临走时，会问她："明天还来吗？"那样期盼的口气，那样期盼的眼神，让文雅每次离开都觉得像在做一件错事。

文雅说，她总会有一天，无法再斩钉截铁回答他，"来"。因为，再过几个月，她就要大学毕业了，如果考得上研究生，她还会在本校里继续学习，那么也就是说还可以继续有时间的时候去马场给纯树补习。如果考不上，那只能离开这里而要到外面换个地方居住工作了。

文雅低着头，看着自己的脚丫说："我不能再玩了，为了纯树，应该要在这段时间里好好地看论文，这样，如果我考上了研究生，就好办了。"

可是没到两天，在我们姐妹几个众目睽睽之下，文雅破功了。因为两天没去马场，她每天的台词便成了：

我想洛图了。

纯树有没有完成我给他留得那么一大堆的作业？

洛图要是想我不吃东西怎么办？

两天没去了，纯树会不会不开心？

啊！当时纯树问我今天来不来的时候，我就应该和他说要过阵子！我不该骗他！我有罪！我欺骗了一个善良的孩子。

最后的最后，她整个人都没精神了，像泄了气的皮球，趴在书桌上。我们从食堂回来的时候，她正无力地一下一下吹着书页。

我……想……洛图了……

大家最终受不了了，纷纷指责她："你就是想纯树了！你恋爱了，丫头。"

文雅一愣，摇着头，红着脸大声辩解："我才没有！我们俩是师徒关系。"

"嗯，肯定，纯树估计就差管你叫姑姑了。"我默默地回了句。

文雅当即安静了下来，估计是在脑子里演了一遍小龙女和杨过的故事。想了半天，脸一红，"吱溜"钻被窝里了。面对神经兮兮的文雅，或许是大家旁观者清，以近来文雅的表现来着，估计纯树也好不到哪里去。

果不其然，第二天的早上，大周和文雅临时去了趟市里图书馆，换几本我们大学图书馆里没有的书。刚走了一半的路，只听见公车后面的乘客躁动了起来，大周和文雅顺着窗子往车后看，不得了。

一个穿着黑色背心的男生正骑着马，追在了公车的后面。马跑得飞快，每个步伐都如同电影中的一样刚毅矫健，最美的是那马的鬃毛，长长的在阳光下反着油亮亮的光。一辆辆的汽车被他们俩甩到了身后，直到跑到了公车前。文雅激动地拍着车窗，一边喊着："纯树！洛图！"一边哭着擦眼泪。

我的妈呀，见此情节，大周连忙狂喊司机："麻烦您，停下车，停下车……"

车停了，文雅直接跑下了车，一只手接过纯树递过来的手，一下被拉上了马，紧紧地被纯树抱在怀里。纯树好似第一次见到这么多陌生的人盯着自己，既紧张又害怕，除了文雅，他眼里谁都看不到。待文雅上马，他的神情就好像来讨回了被人抢走的东西，拿回来，立马走。

还没等大周反应过来，纯树直接骑着马，抱着文雅消失在了城市间车来车往的马路上。大周的手抖了三抖，她当时终于理解为什么文雅总念叨纯树和洛图跟魔怔了一样，原来真的与众不同，就算多年以后，她对这段回忆依旧记忆如新。

每个有自闭症的孩子都是最特殊的礼物，他们的世界丰富多彩，却又无法表达。当有人为他打开了那扇关着门，你就会发现，那里面的世界有多美多美。

文雅真真正正地爱上了纯树。谁说自闭症的人不懂浪漫，有时候误打误撞，会给人以一生的感动。就像文雅一样，把纯树介绍给了她的父母。虽然遭到了父母激烈的反对，但是对于他们来说，时间并不是问题，纯树在一点一点地变好。纯树的爸爸妈妈对文雅很好，文雅依旧在教他写字，表达，给他念故事和诗歌。她要求纯树每天都要去餐厅和爸爸妈妈一起吃饭，每天都要跟爸爸妈妈拥抱，每天会让纯树写封信送给爸爸妈妈。而让文雅惊讶的是纯树的进步飞快，已经开始渐渐会给她写情书。而常写的一封，字歪歪扭扭，还有不少错别字，大致的意思是：你就是我手里的优乐美。

这句广告词纯树算是记下了，这句话的意思，文雅除了哭笑不得，心意也算留下了。但对于他们来说，了解、信任、疼爱，便能撑起爱情的整片天。

再后来，文雅考上了研究生，比以前要忙一些。但是每天早上，她会陪着纯树数完整整十遍的马，再上学。而纯树就牵着洛图，在大学的门口，等着文雅中午下课。起初，他的马太招风总会引来一大波围观着的人，还有些脑残学生会问他是不是卖马奶的。老师便找到了文雅和她商量，不要让纯树牵着马过来。毕竟，这是城市的道路，不是跑马场。后来文雅就把纯树放在了学校的图书馆里看书，他只听文雅的，所以纯树不乱跑，说看书，就安静地坐在那里等文雅放学。久而久之，他能看一整部小说了。

两年时光过去，文雅研究生毕业。而纯树从几十本爱情小说里懂得了什么是爱情，为什么要亲嘴嘴，女生为什么喜欢抱抱。所以毕业那天，纯树在全校的同学面前做了件最疯狂的事。

他不顾任何人的反对，骑着洛图，来到了大学门口。潇洒地下马，在众目睽睽下，拥吻了文雅。耳边炸起了此起彼伏的惊叫声，文雅脸一下子又红了。

当天晚上，我们便聚在一起吃毕业饭。文雅牵着纯树的手走进来时，整个人看起来都是甜蜜蜜的。酒足饭饱以后，我忍不住问了问纯树，为什么今天要特意牵着马来，向我们美丽的文雅女神索吻啊？

文雅也歪着头，问他："是啊，为什么要把洛图牵来？"

纯树看着文雅的眼睛，回道："书上说女孩子喜欢白马王子。我没有白马。但我有洛图……文雅喜欢纯树，纯树也喜欢文雅。"

　　这个世界上，从来都没有不敢相爱的两个人，只有不敢接近的两颗心。

　　春风十里美如画，原来是你；相爱隔山海，山海皆可平，始终是你。爱情是成千上万次的遇见和离开，错的、对的，总是有很多，但是最后爱的，却独独你一个。

遇见你，爱上你

其实，我们都应该相信，这个世界总有人会爱上，真实的自己。

苏晴是个典型的白羊座二货女青年，爱犯二，爱在朋友圈里写天天向上的鸡汤，说话从来都是嘴比脑子快。忘了说，苏晴大学毕业，就开了一家私人摄影工作室，因为思维跳跃，设定了奇葩的接单准则，体重必须 90 斤以上、150 斤以下，身高必须 160 以上，短发不能是假小子，长发不能到膝盖等古怪的限定条件。因为这些，工作室赚的钱也就一直不温不火，她的生活永远处在随性又抓狂的古怪状态。

就好比她常点餐的那家千里香馄饨馆，每次下单，她都会固执地在留言上写道：重要的事情说三遍：不要香菜，不要香菜，不要香菜。而那家馄饨馆的外卖小哥，通常都会在中午十二点准时敲响她的大门。

然而这一天，苏晴接到外卖的时候，已经是中午十二点半了，开门的时候她发现是个眼生的小哥，有穿着卡其西裤和白衬衫的外卖小哥吗？林子大了估计啥鸟都有，苏晴摇摇头，看了一眼时间，便有点儿不太满意外卖小哥这次的服务，但是想着大概是今天生意火爆，晚一点就晚一点吧。可接下来的事情却让她差点抓狂，打开盖子，香喷喷的馄饨汤上，居然漂着一层绿油油的香菜，那神奇的味道，如同一根导火线，让她的火气噌噌噌就蹿上了脑门。

苏晴怒了，立马抓起电话打给送外卖的小哥，上来就是一顿咆哮："你们是不是给我送错了，我说了不要香菜不要香菜不要香菜！"

李辰此刻正郁闷地站在一楼电梯口，电话那头苏晴还在老僧念经一般叨叨："亏我还是老客户，老客户的习惯你们还不知道吗？就算不知道，那么大的备注看不见吗？不知道我对香菜过敏吗？你们这样是逼着我换餐厅啊！你知不知道我找一家对口味对三观的餐厅有多难……"李辰有些头大，他第一次听到有人说，吃个饭也要三观一致才可以。

实在被苏晴叨叨得火气有点大，李辰干脆说苏小姐，我看你真是丑人多见怪，不就一碗馄饨几片香菜，你至于嘛！

苏晴简直要气炸了，这什么态度！分明是你们送错了东西，不认错也就算了，还敢说自己丑人多见怪。真是气煞本姑娘也！

挂断电话，苏晴立马拨通了餐厅的投诉电话，声泪俱下地复述事情的经过，再三确认工作人员会秉公处理这件事后，才心满意足地切断电话。

但是一想到刚才那个脸生的外卖小哥说的话，她就忍不住暗暗地唾弃自己一口，刚刚还看他人模狗样的，觉得送外卖可惜了，现在看看，穿了再好的衣服，长着再好的皮相，这辈子也就是个送外卖的！尖酸刻薄又没有责任心，活该被投诉。

这一边，李辰刚把车开到餐厅门口，就接到了工作人员的电话，听完工作人员的描述，他忍不住深吸了几口气，这个聒噪的女人，居然还跑去投诉！小哥我君子报仇十年不晚，咱们走着瞧！

至此，苏晴和李辰的第一次交锋，苏晴胜。

事情变得有些奇葩是从苏晴接到一个退单之后。

苏晴的私人工作室一直在某网站有着较高的口碑。这一天，她突然接到一个退单，理由很奇葩，店主太大牌！百思不得其解的苏晴按照订单电话回过去，那边居然还是暂时无法接通，显然对方将她设置进了黑名单。本以为这不过是一个奇葩客户的恶作剧，可是让苏晴没有想到的是，接下来的几天，她简直在经历一场噩梦，接二连三的退单越来越多，理由也是千奇百怪，电话打过去都是暂时无法接通。就连网站推广员，都忍不住问她，是不是得罪了什么人？

等到第十个退单出现的时候，网站已经将她的小店从优质推荐店铺上撤了下来。苏晴看着自己惨淡的好评，有些欲哭无泪，这是招谁惹谁了。

人伤心的时候，容易做一些自己也不知道的傻事，鬼使神差，她又一次拨通了第一个退单的电话。让人意外的是，那边竟然能接通，又过了几秒，电话居然有人接听。苏晴吞了一口口水，温柔无比地将自己的疑惑问了出去，可是话还没说完，便听到那边有人笑了一声，随后问道："如果我说，你要吃一口香菜，我就原谅你呢？"

丫丫个呸！苏晴差点一口老血喷了出来，随即在对方肆无忌惮的大笑里，恶狠狠挂断了电话。

苏晴和李辰的第二次交锋，李辰胜！

王家卫的电影说：其实爱情是有时间性的，认识得太早或者太晚，结果都不行。如果我在另一个时间或空间先认识她，这个故事的结局可能就不太一样了。

苏晴从来没有经历过如此多的退单，原本充满个性的接单要求，这会儿反倒变成了鸡肋。苏晴不信邪，她决心要挽回自己的工作室。在一个艳阳高照的天气里，苏晴坐了两站公交车，一身杀气地冲进了千里香馄饨馆。

让她意外的是，李辰居然是这家馄饨馆的大少爷。更让她吃惊的是，十指不沾阳春水的那种大少爷，怎么可能会去送外卖！

原来，遇到自己那天，恰好店里的外卖小哥都出门了，他见地址顺路，便顺便好心给她送了一趟馄饨。

看来是要体验人民疾苦的大少爷，不幸遇到了平民女子的狗血段子。但是李辰接下来的话，却让苏晴大吃一惊。

李辰说，我需要一个强悍的女朋友来应对逼婚的太后，通过这几次了解，我觉得你正好，一个月两万，当我一个月的临时女友怎样？

苏晴差点被他气笑了，真当自己拍偶像剧啊，还临时女友，你咋不雇个女友回家过年呢！你咋不上非诚勿扰去相亲呢？哥们儿，你今天肯定没吃药！

就在苏晴要拒绝的时候，办公室大门突然被人猛地推开，顶着一张臭脸的太后怒气冲冲地冲了进来。见到站着老板桌前的苏晴，先是用审视的目光上下打量了一下她，那目光堪比医院的 X 光射线，让人直发毛。随即扭过头去对着李辰说道："你就不能有点儿出息，送个外卖能被人投诉到总部，你说你闲着没事你送什么外卖，谁知道点外卖的是个什么鸟。再说了，找个女朋友不要求你清华北大，你好歹给我整个'985'或者'211'的，你看看你找的这些，奇装异服花里胡哨的，都哪里冒出来的！我告诉你啊，不要随便拉一个小姑娘就要当我儿媳妇，能不能进我家门，还要自己掂量掂量。"

苏晴开始的时候还有些尴尬，听到后面顿时火冒三丈，直接开口："阿姨，我是 ×× 大学的研究生，不是随便一个地方冒出来的。还有，我家的大门，也不是随便一个阿猫阿狗就可以进！"

听到苏晴的话，李辰的眼睛一下子明亮起来，立马从沙发上跳起来，一把搂过苏晴的肩膀："苏晴，我正牌女朋友，金融系高才生，现在经营一家私人摄影工作室。"

太后铩羽而归，不过临走时表情却温和了许多，虽然看苏晴的眼光依旧凉飕飕，但是却少了几分敌意。苏晴索性将手一伸："一个月两万五，不然我立马走人。"

"成交。"李辰痛快极了。

假女友的任务其实很简单，必要的时候陪李辰吃个饭，顺便哄哄太后。要么就是李辰和狐朋狗友聚餐的时候，假装母老虎给他打电话喊他回家。更多的时间，李辰都是在苏晴工作室里，看着苏晴工作，或者帮她接待咨询的客户，态度简直好得不得了。

但是苏晴却为此抗议过很多次，那些约好来拍照的大部分都是还在上大学的小姑娘，李辰这么一个大男人杵在这里，很不方便。可是李辰每次来工作室，都给苏晴带了大包小包的好吃的，关键是还有她最爱吃的千里香馄饨。苏晴就这样很没出息地屈服在李辰美食的攻陷之下，也幸好李辰从来都不给她添什么麻烦，反而帮她做成了几单生意。

有一次，两个人在一起吃馄饨看样片，好奇心作祟的苏晴问他，你以前的女朋友是有多惊悚，让你家太后这么深恶痛绝。李辰低头吃了半天馄饨，最后慢吞吞地回答，不是惊悚，是我做得不够好。

苏晴撇撇嘴，你也知道自己做得不够好，如果你真是我男朋友，早就不知道被我开除多少次了！

李辰小声回了一句，你又没试过，怎么知道不合格。

苏晴没听到李辰的话，往嘴里塞下最后一个小馄饨，豪气万丈地说："老板，马上就一个月了，是不是该发工资了，或者，给点奖金我也不介意。"

李辰掏出手机，痛快地转给苏晴三万块。苏晴看着支付宝上的数字，笑嘻嘻地说："李老板，多出来的钱，是要给我发奖金吗？"

李辰看着一脸财迷相的苏晴，说后天是我二十七岁生日，你要不要送我一件礼物？

好呀！苏晴爽快地答应了下来。

李辰生日聚会其实特别简单，请来的好友都是苏晴见过的，就连太后，看到苏晴后也挂着慈爱的笑。说起来是庆祝生日，倒不如说是年轻男女的小聚会，只不过生日蛋糕推出来的时候，才有了几分过生日的样子。

苏晴为李辰准备的生日礼物很简单，是一条银色的领带，不知道为什么，她从第一眼看到他，就觉得他戴银色的领带会很好看。

夜色、珠光、蛋糕、美酒。浪漫情节四大元素已经集齐，剩下的时间，就是见证奇迹的时刻。李辰喝了很多酒，却没有醉。他拉着苏晴一路跌跌撞撞地跑到蛋糕前，突然很大声地问："苏晴，你有没有给我准备生日礼物？"

众目睽睽之下，苏晴手忙脚乱地把礼物盒子递过去。可是李辰却突然温柔下来，笑嘻嘻地看着她："我想，跟你要一件礼物。"

苏晴的心跳突然有些加速，她似乎意识到了李辰要说什么，不知道为什么，这一刻她居然是期待的。

接着，便听到李辰大声喊道："苏晴，我想和你过一辈子！可以吗？"

众人纷纷起哄，苏晴想要逃，却又挪不开脚步。她定定地看着李辰，突然笑了起来，过就过，谁怕谁！

于是，两个没羞没臊的人，终于拥吻在了一起。

有件事苏晴一直不知道，在他们相遇的那一天，其实李辰已经注意她很多天，他不止一次地看到她一个人扛着相机在店里吃饭，偶尔还会对着相机里的照片露出傻乎乎的笑。更重要的是，他看到了她的温柔，她的锋芒，她的刺以及她的毒舌。可是，这又有什么关系呢？当第一眼看对了人，那些既定的标准就会忘到爪哇国。

其实这个世界上，本就没有那么多的巧合，我们以为的好巧，只不过是有心人最用心的刻意。

愿你被这个世界，温柔地爱

一个男人最珍贵的品质只有一个，深爱一个女人，并爱她一辈子。

有很多时候，每个人从出生那一刻起，就只能服从命运的安排。

春娇出生的时候，家里一场大火把春娇的爸妈烧得面目全非。而春娇因为爸爸妈妈的保护，只是烧伤了手脚，并也留下了很难看的伤疤。

一家三口，两个毁容，一个尚在襁褓并也带着伤。一时间治疗费，外加烧掉的财产损失，让他们从一个村里的富裕人家，一下子变成了穷人。

春娇小时候是跟着奶奶长大的，外婆一直在家里照顾着受伤以后的父母，所以，她从小便不知道，一家人坐在一起吃饭，聊天，都是怎么样的情境。或者直白地说，她不知道，什么是家。

因为手脚伤疤的原因，她刚满十六岁就从学校退学了。不过，奶奶外婆年岁大了，需要照顾，爸妈又很少能出门，幸亏还能留在家里做些简单的家务。所以懂事的春娇，早早就步入社会工作了。而那会儿，其实，她连一张身份证都没有。

一开始，她在一家小小的路边烧烤摊上当服务员。因为算是童工，又没有经验，所以工资倒不多，但是对于一向穷苦的家里来讲，已经算是一笔不小的数目。即便是有时到家已经是一两点钟，她仍然很乐意去做这份工作。比起沉闷的家，她更喜欢外面的世界。

她很勤快，遇见客人也很能说会道，平时打扮很素朴，但是干净清爽。烧烤摊的老板是个女的，看着春娇这丫头不错，便有心想收她当干女儿。但是，春娇却从来都没有说过自己的家里的事情，也没有同意过老板娘偶尔提出的这个请求。

后来，烧烤摊革新，增加了新项目，又将店内重新装修一翻，环境从以前的随意，变成了现在的随性。加了很多五颜六色的灯，还有音响一些设备，漂亮的吧台上摆了很多种酒水，又招了一些服务生进来。春娇自始至终都不明白老板娘究竟要把店折腾成什么样子，但是她知道，这样装修好之后，会很漂亮。于是春娇鼓足干劲，好像装修自己家里一样去跑前跑后。

遇见金阳的那天，是正好烧烤店重新挂牌子的第一天。所有人都在店里打扫卫生，春娇正在店外，帮忙看着新上招牌的位置。身后，有人问她："您好，请问这里是蓝月亮音乐烤肉店吗？"

春娇回过头去看，是一个戴着黑色鸭舌帽的清瘦男孩，他笑眯眯很有礼貌地向着春娇打招呼，春娇用手往店里面指了指："服务生应该已经够了，不过老板娘很好说话，你可以再去问问她。她就在吧台那里。"

金阳点点头，道了声"谢谢"便走进了店里。

那年春娇刚好十八岁，金阳二十二岁。

两天以后，午后阳光明媚，春娇白天照顾好家后再急急忙忙地赶来上班。老板娘在店里忙活着最后准备开业的东西，一抬眼看见了春娇："今天怎么来晚了？我今天中午买了点驴肉火烧，挺好吃的，给你留了几个，回家带给你爸妈尝尝。"

春娇连连点头："谢谢老板娘。"

老板娘翻了一白眼，嘟囔着："臭丫头，客气啥。快去干活，马上要开业了。"

一阵鞭炮齐鸣，各色的鲜花弥漫着香气堆满了店门口。一大波客人陆续地赶了过来，第一天开业，有不少是老板娘的亲戚和朋友，还有一部分就是真正的老顾客了。

晚上七点半，据说驻唱歌手要上班了。春娇和几个服务生，都好激动，像期待大明星一样等着那人出现。

毕竟小镇子，唱歌好听的为数不多，所以等着乐队人员到齐，她看见金阳出现了。

这次，他穿的绝对不像几天前看着那样的随意，看得出来，是经过了精心的打扮。身着前卫，时尚，斜斜的衣摆，春娇搞不懂为什么金阳会穿那么尖头的大皮鞋出来见人。不过，看着，还是很帅的。

金阳就是那个驻唱歌手，他的歌很好听。春娇每次听着他的歌，做着自己事，都觉得不论再怎样辛苦，都不觉得累。

久而久之，金阳的歌，春娇都会唱了。不光如此，春娇至此便喜欢上了唱歌。整天跟着音箱里放出来的歌哼哼。

下雨的天气，一般生意都不太好。客人不多的时候，春娇坐在门口，一个人去搓手上的伤疤，没办法，每次阴天下雨，这手脚上的疤都会发痒。金阳来上班了，一进门，就笑眯眯地看她。春娇本能地把手缩了回去，抬起头也微笑看着他。她的脸有些红，而且越来越涨热，甚至觉得每在当下过的一分一秒，都让她有些慌乱。

金阳从口袋里掏出了个精致的小盒子，在春娇的面前打开，里面是个长方形的小东西，还带着一对好看的粉色小耳机："MP3，喜欢吗？"

春娇瞪大的眼睛，她当然知道这个东西，以前经常看见顾客带着这个来到店里，当时她还羡慕好一阵子。春娇点点头："好漂亮。"

金阳把盒子关上，直接把它放在了春娇的手上："送你。"

春娇连忙把盒子推出去："不行不行，太贵了。我不能收。"

金阳将手指顶在了春娇的嘴前，然后慢慢地拿开，还没等春娇反应过来，迎过来的，却是轻轻地一吻。这一吻春娇以为是要碰到她的嘴巴，所以吓得当即闭上了眼睛，哪知，却被他转跑，如蝶翼般落在了她干净的额头上。

然后，又笑眯眯地看着她："春娇，我喜欢你，我们俩人交往吧？"

顷刻间，春娇觉得整个世界都在她的身边转动，不停地转动，她觉得这应该是一件很不可思议的事情。甚至，她的脑子里面掠过的不是和金阳在未来手牵手的画面。而是她满是伤疤的父母和苍老的奶奶、外婆。

春娇将盒子重新塞给了金阳，咬着牙说了句："我不喜欢你。"便跑开了，那一天，那一夜晚，过得很尴尬。金阳唱了一晚上的伤心情歌。春娇想了一夜难过往事。

不过，再后来，本以为金阳不会再理自己的春娇，半夜一个人行走在回家的路上，她已经习惯了一个人走这种夜路。而金阳骑着自行车，在后面，叫住了春娇。

路灯下，春娇仰头看着他，眼睛里，满是苦楚。刚成人的年纪，对于爱情，就是这样的刻骨铭心，甚至，在听着歌的时候，会哭。爱而不敢得，她时刻都在退缩着。

"以后每天我都载着你回家吧？"金阳依旧笑眯眯地看着她。

春娇低下了头，咬着嘴唇，说道："不需要，我可以走回去。"

　　金阳伸手摸了摸春娇的头，好像在宠溺一只不听话的小猫："乖，女孩子，不要一个人走夜路，不安全，如果你不爱惜自己，你爸妈要怎么办？"

　　爸、妈。春娇心软了，好像爸妈就是她的命穴，不能触碰。她又重新仰着头看他："只能送到门口。"

　　金阳点了点头，赶紧把春娇扶上车的后座，载着她骑走了。

　　以后的夜路，春娇不再一个人走，起初春娇因为不想提家里的事，所以，气氛总会显得尴尬。后来，金阳就一边骑车，一边唱歌给她听，什么歌都唱，男歌星的歌，女歌星的歌。他最会模仿张学友的嗓音，在那个年代就已经是很强大的事情。所以，春娇越来越觉得，坐在他的车后座，拉着他的衣角，听他的歌声回家，是多么开心的事情。

　　后来，春娇就和金阳一起在回家的路上唱。金阳发现，其实春娇的嗓音也很好听，便开始有心教她唱，怎么用气，怎么发音，什么时候，什么声调有什么技巧在里面。春娇也十分乐意听他的教导，于是这两个人逐渐在老板娘面前，出入成双成对起来。老板娘也很开心，看着金阳这孩子不错，便放心地将春娇交给他呵护。

　　但是，对于爱情这方面的事，对于他们是两个人的事，对于其他人，可就没那么简单了。金阳是烧烤屋唯一的驻唱歌手，女服务生又很多。本来金阳就像一个会发光的小太阳，吸引着众人的注意，如今与家境成谜的春娇在一起，便无端引起了很多人的眼红。

吃过晚饭后，金阳和春娇正在空闲时聊歌单的事。一个女服务生笑着坐到了春娇的旁边，说道："我一直想问你，你还记得我吗？我弟弟在小学和你一个班。"

春娇的表情僵了一下，还没等反应过来，便听到那人继续自顾自地说道："你爸妈那时被烧得那么重，现在的样子还是那样地吓人吗？"那服务生边说，边往自己的脸上比画。转头，又和金阳说："春娇这丫头从小苦过来的，家里条件非常不好，她很小的时候，就只有奶奶带着她，家里现在估计老的老，残的残，一窝子苦日子。唉……"

金阳还没来得及拉住春娇的手，春娇就一下子跑开了。金阳追了出去，追到了一个河岸边，看见春娇正在大哭，哭声好大好大，泪水大颗大颗地流淌下来。看到金阳，又羞愤又伤心，怒斥金阳："走开！"

金阳哪里敢走，生怕她直接跳进河里："春娇！这又不是什么丢人的事，你何必……"

"站着说话不腰疼！这次，你终于知道为什么我不和你交往了吗？"春娇抽泣着，"所以，我必须要找个有时间或者有钱的男朋友……要么有时间照顾我的家，要么有钱请得起别人帮忙照顾我的家……"

金阳拉住春娇的手，用手摩擦着她的伤疤："怎么样都行，只要你愿意和我在一起，我愿意照顾你的家。"

春娇甩开了他的手，头也不回地跑开了："你负担不了……"

看着春娇远去的背影，金阳不禁握紧了手中的拳头。女孩花一样的年纪，本不该承受这么重的压力，这样的春娇，让他越发心疼。

那天金阳下了班后，便再没有去烧烤摊上班。春娇又开始了每天周而复始的工作，只是不同的是，老板娘对待她比以前更好了。其实很早以前老板娘就知道春娇的家里情况，只是老板娘知道春娇不想让别人觉得自己可怜，所以，从来都不想让别人知道她的家世。老板娘也就没再问，只是依旧把她当干女儿，配合她演一场从来不知道她家里情况的戏。

就这样，一个月，两个月，三个月过去了。老板娘一时半会儿再没请到人在店里唱歌，春娇便硬着头皮上台献唱。

两年以后，掌声响起。春娇成熟了许多，她坐在金阳以前经常坐的位置上，扶着话筒，手上的伤疤清晰可见。也许是金阳的离开对她的触动很大，让她知道有很多事情，是不应该让自己逃避的，而偏偏那时候，逃了，逃得彻底。甚至让身边爱着她的人都要陪着她一起逃避。老板娘在不远处，一直欣慰地看着春娇。

也许也是因为春娇，让老板娘自己也改变了不少。老板娘的过往也并不幸福，她本来有个家，结果因为一些原因，前夫和她离了婚，并带走了她的孩子。本来她是想争回孩子的抚养权，但是，当时她没有工作，也没有爸妈在身边可以帮忙带孩子，所以，法院自然把孩子判给了她的前夫。

这说起来，也算是一个励志的故事。后来老板娘自己创业，从小烧烤摊做起，一步一步，做成了现在的音乐烧烤店，每一天都有顾客上门，营业面积不断扩大。所以，春娇对于老板娘来说，就是她的另一个孩子。因为，她从春娇十六岁的时候，便留下了她，直到知道春娇的身世，她便希望春娇同意成为她的干女儿，而现在，看着春娇并没有因为家庭而让自己沉沦，老板娘至少觉得总算给了春娇父母一份满意的答卷。

但是老板娘知道，这两年来春娇依旧还在想着金阳，可能是因为那次她头也不回地走了，以至现在的春娇是多么地后悔。谁都年轻过，对爱既迷茫又认真。所以尽心了，失去了，心痛了。

每到下雨的时候，春娇依旧喜欢静静地坐在门口，用手搓着伤疤。她比平时话少了不少，一个人坐着的时间多了，老板娘也凑了过去。春娇靠在她的肩膀上，像一个女儿乖巧地贴在妈妈的身边。春娇想了想说："良姨，你说，金阳还会回来吗？"

老板娘笑眯眯地看着她，想了想，回道："你在等他，他就会回来。"

雨还在下，春娇抬起头看着老板娘的眼睛，半天又坐了回去。

再后来，又是三年以后的事。春娇的奶奶和外婆相继过世，爸爸的身体也不算太好，可能是因为以前受伤的原因，所以一直咳得不停。妈妈一个人照顾不了他。春娇只能辞了工作，回到家里照顾爸爸。

而这次春娇经人介绍，做起了跑场歌手。每天白天在家里照顾双亲，晚上，等夜色入了幕，她便背起了背包，骑着车子，往离家不近的酒吧里卖唱。这种生活最适合她，至少这是她认为的，年少的沧桑过往让她与同年纪的女孩子比起来，要更加地成熟。所以，她在各个酒吧里时的人缘都很好，时不时还会有人经常给她介绍别的酒吧生意。

就这样，当年那个朴实无华的春娇不在了，有的是一位穿着时尚，却对生活倔强的女孩。

春娇二十五岁那年，有着一张迷人的容颜，成熟美好的身材，青春靓丽的气质。所有见过她的人，都能过不目忘她的美丽，即便是她将自己手上的伤疤文了一只气势磅礴的凤凰在上面，都成为她鹤立鸡群的标志。那在某天晚上，一辆高档汽车停在了酒吧的门前，车门一开，走下来的是一位打扮帅气的男士。那人捧了一大束玫瑰，径直走了进去。

春娇当时正坐在舞台中间，一边弹着吉他，一边唱着歌，舞台下，忽然有些不安静了。看清楚来人，春娇睁大了眼睛，眼泪

"唰"的一下止不住地流了下来。

她看着那人走上了舞台，把花给她。望着眼前不切实际的一幕，她只浑浑噩噩地问了一句："金阳，这么多年……你去哪里了？"

金阳笑眯眯地看着她："赚钱，帮你养家……"

金阳好怕她又拒绝，手忙脚乱地从花后面拿出了一大沓的证件："里面有车子的，有房子的，我还预约了一个保姆，春娇，嫁我！"

春娇捂着嘴巴，哭得像个泪人，金阳把春娇搂在了怀里，轻轻拍她的背，我回来了，自此以后，我们再也不分开。

很多人羡慕春娇捞到了这么一个帅气又多金的男人，自己那么漂亮，唱歌又那么好听。只是，只有了解他们的人知道。

每一个心里兵荒马乱的人，嘴上都是一言不发的。在经历过那些噩梦似的过往，告别那个自卑的自己后，生活才给予了他们最美的未来。

事情其实很简单，金阳离开之后，便给老板娘打过电话，他说，他会回来接走春娇，等他赚钱，有能力照顾好春娇的家里，他肯定会回来。但是，那时他太年轻，钱并不是那么好赚的。所以，回来晚了几年，每一天，他都给老板娘打电话，问春娇的情况。

她想他，他也想她。

好的爱情其实很简单，你爱对方的时候，对方也爱着你。

后来，金阳因为一首原创歌曲，被一家唱片公司选中，给了一笔不小的收入。金阳开始了自己的写歌生涯，最后被那家唱片公司破格录用，每月都能领到一笔可观的薪水。

事业成功后的金阳，并没有像其他人一样开始花天酒地，他努力攒着每一分钱，有买房子的，有买车的，有装修用的，有买家具的，对了，还有请保姆的。

每个深夜，他都会想起春娇悲伤的眼睛和拒绝的眼神，生活对她实在太不公平，所以他才要加倍爱她，给她一个无风无雨的未来。

这就是金阳，当他拿着这些东西再次找到春娇的时候，恍如隔世。而他的春娇，越发光鲜动人，她的一颦一笑，都让他着迷。命运这一次终于没有再开玩笑，它把最好的春娇，完完整整地交给了金阳。

相爱的人终于相守，哪怕时间久一点，路上慢一点，终会在一起。

灰姑娘终于等到了她的水晶鞋，白雪公主等到了她的王子，贝尔将野兽变成了英俊小生。时光最残忍却也最温柔，它给了春娇最不喜欢的过往，却给了她最美好的未来。

我们总要心存美好的，不是吗？

红豆生南国

　　这个世界上，不是所有的备胎都值得被抛弃，也不是所有的暖男都是绿茶男。有一种人，会在你温暖别人的时候温暖你，会在你伤心的时候陪着你，会在你孤独一人的时候，死皮赖脸地黏着你，他们没有暖男综合征，他们拥有一颗既悍匪又温柔的水晶心。你一定要相信，这个世界上，总有人爱着你。

　　二狗子结婚那天，那场面，真是锣鼓喧天，鞭炮齐鸣，红旗招展，人山人海。

　　新娘子红豆穿着大拖尾婚纱，身姿袅袅，从红地毯一头走过来。我和老徐混在人群里，看着那个人模狗样的二狗子，穿着笔直的西装在装严肃，乐得我俩都忍不住掐对方大腿。

　　我和二狗子还有老徐，是从幼儿园就一起长大的死党。二狗子人如其名，是典型的贱人加暖男类型，但凡是被他看上的姑娘，无一最后都变成了他最好的闺密，或者好朋友。

　　而今天跟他结婚的这位，却恰恰是个例外。

红豆跟我们是大学同学，比我们矮一级，我们学计算机，她学会计。二狗子当时是学生会的一个小干部，负责新生接待工作。也就这个时候，二狗子遇到了女神文曼和女悍匪红豆。

文曼属于那种一眼看过去就非常漂亮的女生，而红豆则是属于典型的文艺女青年。两人中二狗子很自然地选择了文曼追求。其实过程特别容易猜想，无非就是二狗子很不幸地又被当了备胎，甚至，在自以为要成功上位的时候，遭到了文曼赤裸裸的打击："二狗，你人好，又懂女人心，可是却觉得你并不适合我，我需要找的是一个懂得欣赏我的人。而不是一个只会在宿舍里给我洗衣打水送饭的——用人。"

二狗子被伤了心，约着一干狐朋狗友去吃饭。就在我跟老徐两人打赌他距离下次追女生还需要多少时间的时候，红豆提着一捆啤酒走了进来。

几瓶啤酒下肚，小姑娘的脸红了起来，我和老徐一看，有戏！

谁知道姑娘冲我们俩笑笑，扶着已经醉醺醺的二狗子走了。

于是我跟老徐继续打赌，二狗子今天晚上会不会被吃抹干净。

据事后，当事人交代，那天晚上，是这样的：红豆把二狗子带到了学校操场看台上吹风醒酒，那天的星光很美，二狗子打着饱嗝倒在红豆的肩膀上，姑娘伸出手拍拍他的脸，豪气万丈地说："伙计，以后别照顾别人了，人只有一颗心，被伤得久了，心就会再也无法痊愈。承蒙你不嫌弃，以后让姐来照顾你！"

暖男变成了小媳妇，红豆果然是女中悍匪。对二狗子开展围追堵截各种截杀，大饭盒小点心，自习室图书馆，这姑娘居然还神奇地贿赂了男生宿舍老师，专攻二狗子宿舍卫生。一时间，二狗子宿舍一干人等，只要听见红豆的高跟鞋，立马变身清洁工，各自打扫自己一亩三分地的卫生。为啥，因为这姑娘从来不知道脸皮是啥。据说第一次进二狗子宿舍的时候，有人还在床上裸睡，就被她一巴掌拍过去，还嫌弃手感不好。

就这样鸡飞狗跳地折腾了一个月，二狗子宿舍里其他三位实在受不了了。威逼利诱让二狗子答应和红豆交往，再这么折腾下去，二狗子宿舍真的要在学院里以干净整洁出名了。

其实故事发展到两人交往并没有结束，二狗子对红豆的态度一直模模糊糊。好在红豆本来就是一个大大咧咧的姑娘，这些小事从来没有在意。

可是，直到有一天，文曼过生日，二狗子偷偷摸摸给她准备了一份礼物，那是一条美丽的真丝裙子，是花了二狗所有生活费买的。很不幸，当他把裙子送给文曼的时候，文曼并没有领情，而这一幕，恰恰落进了红豆的眼里。

红豆真的是个好姑娘，她看见了二狗子眼里的失落，也看到了二狗子看到自己后的惊慌失措。她没有哭也没有闹，反而从钱包里掏出几张钱放到二狗子的手里。女悍匪变成了文艺女青年，她说："我从来都知道自己没有真正走进你的心，可是我就是想要温暖你，走近你，靠近你。我想让你知道，我是与众不同的，我也想让你知道，被人温暖是怎样的感觉。原来我真的高估了我自己。二狗，祝你幸福。"

红豆走了，二狗子又开始喝酒。不过这一次，他喝着喝着突然哭了起来。我看着他一把鼻涕一把泪地哭，忍不住想起曾经有次他喝多了，红豆来接他回宿舍，他吐了红豆一身，姑娘愣是没嫌弃。

多好的姑娘啊！我突然想起一句歌词，有些人，一旦错过就不在。

就在我独自感慨的时候，对面的二狗子突然抬起头，恶狠狠地跟我说："这个可恶的女人，说追我就追我，说分手就分手，老子怎么变得这么被动！老赵，你说，我是不是该把她追回来，然后再跟她分手！我才能扳回一局！"

我吃惊地看着二狗子，认真地点点头："我觉得，你说得很有道理。"

二狗子很快就追上了红豆，可是一直没有提分手。直到结婚头一天晚上，我和老徐来为他布置新房。他捧着明天要献给红豆的鲜花，认真地问我："老赵，你知道我为什么会和红豆结婚吗？"

我摇摇头。

他继续说："你们一直都说我是暖男，在以前，我喜欢谁，我就去温暖谁，可是总是换来一次次的伤心。直到后来我遇到红豆，她强势又霸道，可爱又温柔，她说她要温暖我。这么多年，我终于从她那里懂得了被人温暖是什么样的感觉。她让我觉得，这个世界上怎么还会有这样的人，霸道地对你好，温柔地欺负你，跟她在一起，我觉得我的毛孔里都暖洋洋的！我只有跟她在一起，我才会被肯定，被需要，被心甘情愿地利用。红豆让我觉得自己拥有了一切，我不再是一个只会暖人的暖男。"

我看着眼前这个浑身冒酸水的男人，真心地为他感到幸福。

每个人在遇到那个对的人之前，都会兜兜转转，但是我们总是要相信，一定会有人爱自己。

爱上独一无二的自己，爱上平平凡凡的自己，爱上不漂亮的自己，爱上这天上地下举世无双的自己！

你值得被爱！

佐菲在左　三毛在右

当一只金毛爱上一只猫，不要惊讶，这个世界上，爱情有很多种模样。只不过，你恰好，是我最爱的那一个。

佐菲，柒月家的八个月母猫，流行于泰国寺庙中的猫族，脸、四肢、耳朵、尾巴是黑的，其他地方是浅棕色，江湖外号：挖煤工。

三毛，左飞家满一岁的公狗，此狗体贴聪明，忠心可靠。唯一特点就是大，这大狗一奔跑起来，连左飞自己都拉不住，一路被三毛拖着奔跑在小区中的情景经常上演。江湖人称：好大一只金毛啊！

每天早上，左飞会下楼遛三毛，柒月下楼溜佐菲。

本来一个遛狗一个遛猫，井水不犯河水的事。没想到某天的一个早上，这个平衡被柒月的一声吼给打破了。

"佐菲，不许闻地上的狗便便！"柒月话音刚落。

三毛转个身回来，蹲下屁股，又拉了一个大条条，佐菲，又跑过去闻。哇好臭，猫的天性，赶紧扬起细细的猫爪子，刨土给埋了。

左飞这时不干了，这不是在侮辱人吗？指着柒月怒道："我什么时候闻地上的狗便便了？"

柒月一脸惊讶，并且不可理喻地看着他："谁说你闻了？"

"那你叫什么左飞？"左飞气得叉开了腿。

"喵……"一只黑脸猫向着柒月走了过去。柒月白了左飞一眼："赶着上班，懒得理你！佐菲，我们走……"

"喵……"柒月在前，佐菲在后，这猫就这么听话地跟着柒月走了。

左飞僵在当场，转头看着坐在地上的三毛，三毛伸着舌头，也挑起眼睛看着左飞，眼神里赤裸裸的嘲讽掩不住啊！

作为一只智商很高的金毛，三毛有点儿为自家主人的智商感到堪忧。

回到家，左飞点了根烟，给兄弟打电话："我今天遇到了我们小区里的一个妞。她养了一只非常听话的猫，那猫的名字叫左飞。"

"嗯。"那边的小兄弟明显是边睡边听，模模糊糊地说了句："我的哥……继续睡吧。"

左飞不依不饶明显就是没说完："你信不信，她那只猫，比我的三毛还听话，不用拴绳，就跟着主人在楼下溜达，从不乱跑，一喊就跟走了……"

"梦做得真好，兄弟。哈……哈……"说完，那兄弟转了身，手机没挂，呼噜声就起了。

左飞放下了手机，呆呆地看着三毛在门口与拖鞋玩得不亦乐乎，心里反倒有种说不出的感觉。

左飞现在的想法和注意力完完全全在了那只能遛的猫的身上，于是上网查资料，打开的网页全部都是类似那一品种猫的照片，这猫学名叫暹罗猫，果！真！能！遛！

三毛叼着饭盆在左飞的身边低吼，有点儿抗议，不给饭吃简直就是没人性。左飞不知道想到了什么，"嘿嘿"一笑打了个滚，直接睡下了。三毛惊呆得直接把饭盆丢在了地上，颇有一种今日饿我一顿，他日十倍奉还的气势。于是，跑到门口，继续叼着拖鞋，开撕。

第二天一早，左飞牵着三毛故意在小区里等着柒月。不到六点，柒月带着佐菲走出了小区的单元门。阳光很足，景色很美，左飞为和柒月套近乎想要摸摸她家猫的说辞还没有出口。只见忠心的三毛噌的一下蹿出去，哪里去管主人还牵着绳在他后面，一个饿虎扑食压在佐菲的身上，咬住猫的颈上的肉，叼起就跑。

柒月哪里见过这架势，一只狗还能对猫感兴趣，当即惊叫一声，吓得花容失色。

等反过神赶忙大声喊："快把你家狗拉住，我家猫在它嘴里……"

左飞这会儿哪顾得上好好说话，一边被三毛带着在后面拖着跑，一边号："我知道，但是我拉不住它。三毛，快把人家猫松开……三毛停下……"

一早上，小区又被俩人搞得热闹了。三毛哪里管这事，反正昨天主人看这猫的照片比爱自己还多，不是喜欢吗？行，我给你直接叼回家！

这算抢劫啊！三毛把佐菲叼到了家门口，一把锁横着进不去门了。放下佐菲，还没等三毛抬起脸，一肚子憋屈的佐菲开启了爆炸级反抗模式。不管身在何处，以飞快的弹跳能力跳起来，冲着狗脸快速地挠了几下，顷刻间就把三毛的脸给挠花了。

完事，再上去补上一口，一嘴黄毛。

"佐菲！"柒月从后面跟了上来。

"在。"左飞拦着面前的猫继续挠它家三毛，还应景地回了一声招呼。

柒月的脾气也完全处在了炸裂的最高点，直接一脚回旋踢向左飞，这下子，连拖鞋都飞了："敢欺负我家佐菲，还不快把它放下来——！"

左飞直接被这女子踹进了三毛的肚子上，放手，佐菲落了地。落在地上的佐菲仍旧不依不饶，扬起爪子，扯着猫的嗓子，继续一顿血肉横飞地狠挠。

这一人一猫愣是活生生地把一个男人外加一只体型硕大的狗狗堵在了人家的家门口。

柒月明显是在怀疑这男人的动机，她深信，绝对是这只狗被眼前这个明显是狗主人的家伙，教唆着去偷咬她的佐菲。于是狠狠地白了左飞一眼，极其鄙视这个粗俗的人，外加一只粗俗的狗。

眼看对方落败，柒月赶着上班，时间不多。转身，抱起佐菲就走。那佐菲趴在柒月的肩头乖巧得紧，瞬间恢复小可爱造型，可跟刚才的战斗模式不一样子。

左飞低下头，看了一眼被挠得一脸蒙的三毛，恨恨地说一句："活该你，疼不疼！这家伙，感情练的跆拳道，踹得可真疼啊！"

话说左飞白天上了一天的班，晚上回家，刚巧在小区的门口又遇见刚下班的柒月。柒月装没看见了，高傲地继续走。左飞觉得应该向柒月好好解释下，忙上前，拿出自己的身份证："对不起，打扰下，我也叫左飞。"

柒月听到左飞这个词停下了脚步，然后回过头，看到了左飞的身份证，又看了看他的脸，再仔细看看证件。突然间明白了这几天发生的事情，顿时觉得这巧合简直太搞了，一下子笑了出来："原来你也叫左飞。"

左飞点了点头，笑着说："是啊，所以误会了。今天是早上的事我也很抱歉，我不知道我家三毛为什么要叼走你的左飞，我……那个……"看着女孩灿烂的笑脸，左飞一时不知道要说什么了。

柒月收了笑，抿着嘴说："没事的，狗狗而已。不过，我家佐飞和你的名字是不同的两个字，佐罗的佐，加菲的菲。"

左飞把公文包换了个手提，看起来很紧张："噢噢，很好听的名字。不像我介绍自己的名字，都是左冷禅的左……"

"哈哈……"柒月被他的话，一下子逗得笑翻了："你这个人挺逗的，你的狗狗叫三毛吗？挺聪明的，看起来就是挺有主见，每天拉着你到处跑。"

左飞略显尴尬："没办法，刚来我家时，比佐菲还小，谁知道一年就长这么大。不过，你家的佐菲好厉害，能跟着你出门，都不用牵绳也不会跑。"

"嗯嗯……它小的时候，我就喜欢带它出去，它习惯了……"

…………

两个人一路说一路笑，一下子话题一个接一个地聊了起来。

左飞，二十七岁，游戏软件程序员，每天的工作就是跟无数个字符打交道，有时工作清闲的时候，可以从上班睡到下班，忙的时候，三天两夜不回家是常有的事。

柒月，二十三岁，化妆品推销员，每天与胭脂水粉打交道，以她的话说，咳，只要加强内在的保养，素颜最美。

那天晚上，柒月带着佐菲到左飞家做了客。因为柒月看得出来，他是真的非常非常喜欢佐菲。一进门，三毛的脸上横七竖八地画了好多的红药水上去，柒月只觉得滑稽，当时就抱着佐菲，笑弯在了门口。

左飞不好意思地挠着后脑勺："我家有点儿乱，别嫌弃。三毛也爱咬拖鞋，所以，鞋子也没好的。"

柒月本来就不是那种特别讲究整齐的女生，所以她不是很看重这个事情。反而她觉得左飞的家里很干净，虽然养了这么大一只金毛，家里却一点难闻的味道都没有。柒月带着佐菲坐下，三毛就带着兴奋，摇起尾巴过来了。

从小跟着柒月在外面玩的猫，见到狗狗已经是爱搭不理了，没想到经过早上那一波疯狂绑架，佐菲可算对三毛印象深刻。三毛刚要过来闻它，佐菲就闷吼了起来，并抬起了随时准备进攻的爪子，突然想起临出门时，被主人剪好了指甲，所以，又放了下去。攻击力减低，挠狗跟摸狗的感觉，区别还是很大的。

左飞拿了个小板凳坐在了三毛的身边，看着佐菲，心里痒痒的："我打从第一次看见佐菲跟着你回家的时候，就觉得这猫太厉害了。所以非常非常地喜欢，我能抱下吗？"

柒月点了点头，抱起了她的猫，亲了亲它的额头："佐菲乖，他是妈妈的朋友，和我们佐菲叫一个名字噢，不许挠人家。"说完，轻轻地把它放在了左飞的怀里，然后笑眯眯地说："左飞抱着佐菲，感觉好奇妙。"

左飞点了点头："是啊是啊，我们俩一样的名字。"佐菲在他的怀里异常温驯，眼睛一直在瞄着三毛，好像在宣布领土的主权问题。可三毛才不稀罕左飞抱谁呢，它还算知道这是在谁家，只要主人想要，没准它哪天心情好，随时会把这只猫再叼回来的。

那天晚上，柴月回去以后，左飞抱着三毛一起坐在窗边的大摇椅上发呆。不知在想着什么，发神经地突然一用力，赏了三毛一个搂脖杀："其实我觉得可爱的不只是她家的猫，三毛，有没有觉得它妈妈也好可爱！哇，亲她猫的额头，这是妈妈的朋友噢……好可爱！三毛……快来叫我爸爸。"三毛无奈地跳下了摇椅，真是懒得理他这种花痴一样的主人。

也正是当天晚上，柴月包着头巾，敷着面膜，盘腿坐在床上，一边吃着黄瓜，一边给姐妹打电话，笑得好猖狂："曼曼，我和你说噢，我这几天遇见了一个哥们儿，好帅好帅。他家的狗也好大，哇，大金毛，哈哈哈……"

电话那头，一脸嫌弃："拜托，你淑女些好不好？什么叫哥们儿，可不可以叫男人，男人！"

柴月才不管呢，拉起一条腿，往胳膊底下一支："那不重要，重要的是他和我家佐菲的名字都是同一个音的，那天我叫猫，哈哈，猫没来，把他招来了，你说，这是不是缘分。"正说着，只觉得正在窗台上趴着的佐菲高冷地看了她一眼。

她清了清嗓子，接着说道："我今天去了他家。"

电话那头炸嗓子了："我的姐姐！你们俩不会发生什么了吧？还不熟悉他，你就敢去他家？姑奶奶胆子也太了吧？"

柒月大笑道："我也很好奇嘛，再说，我觉得他不坏，他是做软件的。哇，可比我们这种卖化妆品的有文化多了。"柒月美哒哒地说道。曼曼在电话那头，一脸的冷板子："喊，我们卖化妆品的姑娘也不差好不好？如果我要是佐菲，我先把他的脸给挠花了再说。"

"挠了，不过挠花了的是他家大金毛的脸。"

曼曼立马来精神了，抱着电话给佐菲一顿夸："我的好佐菲呀，大姨可真没白疼！"

⋯⋯⋯⋯⋯

这就这样，两个人的友谊便夹杂着些许悄悄的喜欢开始了。每天早上，左飞带着三毛去等柒月和佐菲，柒月下来，总不忘带点好吃的给三毛。

每次三毛吧嗒吧嗒吃着好吃的，都会迎来左飞那羡慕忌妒恨的眼神，一晃三五个月就这么过来了。天气已经入秋，小区里落叶多了起来，佐菲挺着大肚子和柒月下楼溜达。正好左飞满脸疲态地在等她："左飞，你这是怎么了，怎么感觉这么没精神？"

左飞苦笑一下："昨天晚上加班来着，一夜没睡，直接带三毛出来了。"三毛嘤嘤地围着左飞转了一大圈，又凑近佐菲闻了闻。

左飞略显无奈地又说道："你这有吃的吗？三毛昨天晚上到现在没吃东西。我最近忙，狗粮还没来得及买，家里也没吃的了。"

柒月一脸惊，合着这三毛饿到现在，还带着它出来拉尿尿？赶忙摸了摸三毛委屈的狗头，抱着起了佐菲，就把这两位，让到了她的家里。

两个荷包蛋，两个火腿肠，还有外加些面包片，外加些蔬菜水果沙拉。等着她做好了端进客厅，左飞已经在她家的沙发上睡着了，而三毛，一口气，把猫粮和佐菲吃剩的猫罐头吃了精光，走过来，一股鱼腥味儿。

这两个家伙看来真是累坏了。这算是左飞第一次来到柒月的家里，也是柒月能够这么近距离地看着左飞的睡相，激动得小心脏怦怦地狂跳。柒月一向对奔跑于事业的男人没有任何的抵抗力，以前是光听着左飞说工作很忙，赚钱不易，这次就好像被她当成了自己的男人，不要脸地想要对他亲口说一句：老公，你辛苦了。

柒月越想脸越红，怕自己流口水，连忙找了床被子，轻轻地把左飞的腿小心地放在了沙发上，小心翼翼地盖上被子。蹑手蹑脚地安顿好困乏中熟睡的男人，刚走几步，左飞的呼噜声响起，柒月的脸腾地红了，一边赞叹着简直太帅了，一边走去了客厅，跟三毛玩去了。

其实以曼曼的话说，他们的相处速度简直可以用龟速来形容，一个喜欢带狗狗又喜欢猫的话题切入到相处中去，一个以喜欢狗狗的心态去爱着它的主人。但是都快小半年了吧？这层窗纸谁都没捅破。

一上午，闺密曼曼被柒月强行拉来顶班的她，微信里已经收到柒月发来的 N 多张柒月和三毛的自拍，还有柒月三毛和佐菲的，还有三毛和佐菲的，最后几张，是她和正在熟睡的左飞的睡照。这张照片惹事了，角度找得刚刚好，好像是两个人的床照。曼曼一声惊叫，吓得手机差点没掉了，面对闺密竟如此背着她藏男人的事实来说，怕是又惊又喜，五味入心，备好帮柒月谈婚论嫁的准备来。

左飞这一觉，一直睡到了下午两点多，醒来的时候，一脸不清不楚地不知道自己究竟身在何处。环顾四周，再揉揉眼睛，妈呀，自己在柒月家睡着了。

左飞立马坐了起来，看着暖暖的被子还有从客厅传来的菜香味，脸突然涨得通红。三毛听到了动静知道左飞醒了，赶紧向左飞跑了过来。他真是没做好面对柒月的准备，立马缩回柒月的小花被子里。

柒月笑眯眯地看着大神级加班狂的左飞，逗他："醒了吧？醒了吧？我们的左飞害羞了？"

这哪里是在逗左飞，明显是在逗猫。

左飞从被子里钻出个头，两只眼睛不好意思地看着柒月，小声地喃道："我不知道为什么……睡着了，不介意吧？"

柒月点了点头："介意，十分介意你加班竟然忘了喂狗粮，三毛都被你养瘦了。"左飞苦笑了起来，无奈地叹了口气："没办法，忙起来，连睡觉都顾不上，三毛只能委屈了。"

"下次加班你可以把三毛带到我这里来，这次我看三毛在我家也并不烦。还和佐菲玩得很开心。"柒月笑着说道。左飞盯着三毛脸上新增的几条血印子，点了点头，一边答应着柒月，一边更加觉得三毛为自己又受委屈了。

这顿中午连着晚上的饭在柒月家吃完了，说实话，厨艺不错，看来柒月也是下了血本，红烧肉，海鲜，外加各路稀有蔬菜都端上了桌。

柒月说平时她也都是一个人吃饭，今天难得有左飞在，就露露手，做点儿好吃的。左飞今天算是赚到了，吃到满嘴流油，还大大地打了个饱嗝。

晚上的时候，两个人道了别，三毛不想走，坐在柒月家的门口装睡。左飞好无奈，任凭怎么劝，说出花来，三毛就是身子一横，睡觉。

左飞实在伤不起了，用尽全力，把站起来比他都高的三毛，竖着抱了起来。左飞的脸从三毛的黄毛里拱出来，挤出了笑："今天……谢谢你啦……非常感谢……盛情款待……"

"没关系的，欢迎随时来做客。"

左飞点了点头，吃力地说着："走啦。"

门关上了，柒月默默地后退了两步，突然坐在了地上，哈哈大笑了起来，这个世上，果真憋住不笑，最难受。

但是缘分这东西，只要两个有心，无论捅不捅破这张纸，总是会有人先向对方表白。四天以后的半夜，左飞正睡着，突然手机响了起来，是柒月。左飞揉了揉眼睛，知道肯定出了什么事情。接电话，里面传来柒月焦急的声音："左飞，有没有附近宠物医院的联系方式，佐菲难产。"

左飞当即穿好了衣服，去了柒月家。柒月正穿着睡衣，抱着佐菲急得快哭了："小猫生了一半，快半个小时了，就是不出来。"

左飞帮着柒月抱好佐菲，等柒月换上衣服，就往宠物医院跑，说是宠物医院，但是他们那座城压根就没有营业到那么晚的地方，所以，直接打车到了他兄弟开的宠物诊所，路有点儿远，但是，他可以随时随地把门叫开，就算里面睡得沉没听到，砸玻璃都行。

正在赶路，只听出租车师傅突然把车停在了半路："你俩回头看看那大金毛狗是你家的不？追了好几个信号灯了。"

左飞一回身，果真是三毛甩着舌头，一路飞快地追着他俩外加一只猫。

左飞惊讶地看着柒月，柒月问道："三毛怎么会从家出来的？"

左飞深深地吸了一口气："我好像是着急忘关房门了。"柒月一脸惊："那你要不要先回家把门关上。"

左飞摇了摇头，算了，我们四个一起去吧，家里没啥能丢的，都在卡里。左飞苦笑了笑反正忘关家门的事情他又不是第一次干，经常房门大开自己上班去了，回来才发现三毛和楼管大姨面面相觑。

车子重新多载了只狗去了医院。这一夜，又无眠。佐菲剖腹生了七只小猫，除了第一只因为生产时间过长，死掉了，其他都很健康。

小猫生出来，柒月激动哭了，第一次看见小猫崽，一个个的讨着要奶吃真的好可爱。左飞凑过来，语气温柔极了："恭喜你柒月，当外婆了。"

柒月知道左飞在逗他，破涕而笑，用手擦了擦眼角的湿润。

左飞又说："我可以请求当它们的外公吗？"左飞看着柒月，柒月又看了看左飞，生怕柒月认为又是在逗她，忙补上："我说的是真的，做一家人好吗？"

见柒月没说话，接着又说：“你一个人，我也一个人，你生活中有困难，我有责任去帮忙，我们一起照顾三毛和左飞，做一家人好吗？”

柒月还是没吱声，但好像整个人僵住了，弄得左飞感觉水到渠成的想法，一时间竟然拿不准了，索性心一横，大喊道："柒月，我爱你，嫁给我行不？"

柒月"哇——"的一声大哭了出来。一边点着头，一边紧紧地搂住了左飞，左飞连忙也抱住了柒月，一个深吻印在了她的额头。

三毛顺势凑了过来，一只大狗头就这样把两个人的脸深深地埋进了它的毛里。

这年深秋，左飞与柒月正式确定了恋爱关系，狗和猫也正式成为一家人。以后外出的路上，佐菲再也不用走在路上，而是高冷地蹲坐在小筐里，由三毛亲自叼着它去溜达。

这年初冬，一只狗带着他的主人成功入驻猫家。三毛以家庭式保姆的存在方式维护着家里的和平。并且，为两位主人的只顾恋爱，不顾大猫和一堆小猫的死活，表示抗议。心疼了我的金毛，看着在自己的毛里，身上，身下，耍来耍去的小猫们，期望日后能长出一只又一只小小的金毛。

遗失的美好

　　你不知道我有多么想，回到那个明媚的春日午后，对着那笑容灿烂的少年认认真真地说一次，是的，我喜欢你。

　　可是回不去就是回不去了，女汉子总有一颗坚强的心，包容过去，展望未来。我们可以怀念那些遗失的美好，却不能不珍惜眼前的一切，抬头挺胸朝前看，擦干眼泪才会有明天。

梧桐花开

这个世界上，有太多太多的故事，都可以被称为爱情。但是并不是所有的故事都会有一个美好的结局，这个世界上，从来都不会缺完美结局的故事，有人会从一而终，有人会半路下车，有人错过。

但是我却觉得，故事总要有些遗憾，才会遇到最后的那个人，才能有最美好的结局。

每个少女的十八岁，都是一个春天的颜色。粉色得冒泡泡，偶尔还会蹦出一两颗红心。而我在十八岁的时候，遇到了一个人。

少年名吴桐，面如冠玉，放到现在就是小鲜肉一枚。

起初我并没有见过他，只是临转学来的前三天，才听说有这么个人来。当时就觉得他的爸妈绝对是个有思想有文艺范的人。不像我爸妈，从我生下来就给我起了个名字，以致本尊我从小到大，都觉得自己土到掉渣——陈凤花。在我爸妈这里，我的名字是绝对没有退货的商量。纵使你痛哭流涕，撒泼打滚抱大腿，名字也不会改。

那一天，正下着雨，教室里依旧湿气满满，让人格外地不舒服。吴桐来到教室报道的时候，看到他的瞬间，我顿时觉得自己周围的空气里都开满了花。这个临近高考还有两个多月转来的男生，在我惊艳的目光中坐在我的旁边。

我默默地把手中印着至上励合的卡片推进了我的语文书里，脸腾的一下红了。请原谅，我一向对这种类似至上励合气质的少年没有任何抵抗力，就好像突然被一个帅哥砸到，整个世界，绽放出十万里桃花林。

"你好新同桌，我是吴桐，你怎么称呼？以后多多关照。"吴桐微笑着问起我这个最让人扎心的问题，我的心口一紧，嗓子仿佛直接被牵了根弦，说得自己都心虚："……花花。"

"花花？"吴桐明显愣了一下："是姓花吗？花无缺？花？"

我咬了咬嘴唇，想死的心都有了，刚想出声回话。老师一嗓子掷地有声，把我直接拍死："陈凤花，现在是数学课，你捂着本语文书是想拆我的台吗？"全班哄堂大笑。

我硬是没敢看他的眼睛，已成全班焦点的我，冒死回了吴桐的话："……QQ……花花是我QQ名。"

这话说完，我翻到数学书，一节课，头低得更深了。

话说自从天上掉下来这么一大块小鲜肉，我的小心脏在每天的上学这段时间里好像生了病一样，头晕眼花，脸发烫。为了能更好地生活下去，我在图书馆里翻了大量资料，最后从几本言情小说中，我终于了解到，我恋爱了。

于是，我作死般问老爸，如果喜欢一个人的话，怎么才能让他注意到我呢？

老爸扬起眼角拂了一下快要秃顶的脑壳，挑了一边眉毛说了句："你妈当年追我的时候，可是陪着我一起下河捉过螃蟹。都结完婚了你爸我才从你姥姥那里听说，你妈小时候最怕的就是螃蟹，还有皮皮虾，不是怕被夹到就是怕被扎。"

真爱啊。

我呆呆地看着我爸，转眼又看着厨房里切着水果的娘亲。瞬间觉得，我爸妈太让人感动了，简直比言情小说还言情。脑子飞速运转，如果我能陪吴桐做一件他有兴趣的事，是不是以后，我们也会结婚生娃娃，相守，相伴，最后还有一堆的小孙孙承欢膝下，哈哈。

其实，作为第一次对男生动了凡心的我来说，这两天多多少少已经对吴桐有了点初步的了解。省级重点高中的转学生，具体为什么会转来我们这种普通高中，我还不清楚。每天除了上课，放学以后，便是打篮球和回家玩网游。对于打篮球，因为男生和女生的身高差，外加我是当真对篮球一无所知，此路明显不通。

不过网游，本姑娘想了想，初中的时候，也算是玩过整整一个暑假的。对于他玩的这种新网游，我有信心能陪他一起玩下去。于是，在第二天的晚上，我打开了电脑，带着满满一网页的游戏脑补攻略，机智走入了属于他的网游世界。

这游戏是一款武侠类的养成游戏，游戏中的玩家可以在里面结婚生娃，种地养花，奋战夺城。新手玩起来，着实有点儿摸不着头绪。所以，为了侦察，白天的时候旁敲侧击，费心费力从吴桐那里打听来的关于游戏上的线索，除了知道他是哪个区的叫什么名字，其他简直派不上用场。

就这样我便傻傻地在这一大片虚拟的世界里开始了我的追男之旅。

不过，事情进展得并不算顺利，来到游戏以后，我查找过他的名字，再发过去一条私聊以后，他并没有回复我任何的消息，许是因为我的角色等级实在太小，像一个小透明一样的存在，根本没有搭理的必要。

所以也就罢了，这游戏我大概玩了将近半个月的时间，总算是从一个江湖小白，变成了一个江湖小侠，弄懂了里面的一些玩法，才算安心下来，至少不会被吴桐笑话。

于是那天，我在田里耕种，他骑着马向着我走了过来。我看着他的名字，心潮澎湃——梧桐公子。

他坐在马上，我站在田地里抬起头看着他。等着他发来了一条消息："白花花，能卖我几个馒头吗？"他一定不知道我当时的心，别说是几个馒头，就算把我当成馒头送过去，我都是乐意的："馒头不卖。"

"不过我可以送给你。"我笑眯眯地看着他，突然觉得用这个名字对他说任何话，都瞬间变得有底气了。

"女侠如此好爽，小生就不客气了。加个好友可行？日后山高水长，我们来日再见。"说完，丢过来一个请求好友邀请，我激动地点上同意，这简直是踏破铁鞋无觅处，得来全不费工夫啊。

他走得很急，我却整整一晚上没有睡，心里甜甜的，这眼皮子怎么也闭不上了。索性关了游戏，躺在床上，他骑在马上英姿飒爽的样子，简直帅爆了。梧桐公子，梧桐公子，连名字都那么耀眼。干脆从床上爬起来，披了件衣服，跑到书桌前，拿出了一张画本，把今天梧桐公子的样子画了上去。

失眠的后果就是，第二天上课，我终于熬不住上课直接趴在了桌子上呼呼大睡。睡梦中我坐在他的马上，他紧紧地把我环在他的身前，生怕我一不小心掉下来。那感觉那么真实，那么美，让我简直不愿意从美梦中回到现实中来。

不知道过了多久，我的眼皮掀开一条缝，刺目的阳光透过来，一下子清醒了好多。我轻轻地打了一个哈欠，惺忪地看着黑板，用眼角余光撩了一眼坐在身边的吴桐。他正看我，好像还在忍着笑。我脸上一红，难不成他就这样看着我睡觉？这下形象可全没了！正思量着，他递过来一片纸巾，外加一张字条：放学以后，老师叫你去办公室。

我心一哆嗦，猛然想起来，这节课是以严厉出名的数学老师，我居然在她的课上睡大觉，这不是活生生地找死吗？可是这纸巾？难道还有别的用途？我翻来覆去检查着纸巾，没发现任何的异常，我看看他，不明所以。

他终于憋不住笑，用手点了点自己的嘴角。我反应过来，连忙用纸巾捂住嘴角上睡出来的口水，这下丢人丢大了，比去老师办公室还可怕。

其实平时，我和他上课的互动，还是很少的。吴桐属于话不多的人，上课有事，都是发张字条给我。虽然是同桌，每天坐在一起，就那么近，只有那么近，但是我很确定他并不知道我喜欢他，而我也没有成为他眼中喜欢的女生。

在这场暗恋里，我唯一能做的，便是在深夜的案头，把记忆里那个坐在竹林下做任务的梧桐公子，一笔一笔地画了下来。

这算是在游戏中与他的第二次相遇，我跑到竹林捡拾任务需要的竹笋。刚好他也在，古朴的石桌前，他的一身白衣，飘飘似仙。世人都说，要想俏，一身孝。这身白衣穿在他的身上，格外吸引人。更吸引人的，是他名字上的称号，金色大字亮得晃眼睛：天下第一棋士。

他先看到的我，飞过来一条消息：这么巧。

我笑眯眯地停下脚步：这身衣服真好看。

他很高兴，也很有兴致地和我搭腔："这是天下第一棋士的身份装，天下第一琴师也很好看，你要是喜欢也可以刷出来的。"

我惊讶道："想刷想刷，但我不会。"

"我可以教你呀。"

于是，这样一个师父便认下了。

从那时起，每天上线玩游戏，他下棋，我弹琴。每天一起聊天，他会给我讲很多很多游戏里我很陌生的操作。就真的如同一个师傅，耐心地对待一个徒弟一般，更多的时候，他喜欢去风景优美的地方闲逛，我便乖乖跟在他后面。游戏里的截图我存了无数张，每天深夜里的梦境，似乎也全是游戏。

在游戏里，每次有怪兽出现在竹林中，他也总是第一个冲上去，将我护在身后。偶尔他被城主叫去守城，我便也入了他的城，坐在城头，横琴而落，控律杀敌。就这样，我越来越像他的影子，有他的地方，便有我。

因为他的原因，我很荣幸地在两周之内成了天下第一琴师。我得到了来自这个游戏世界里的第一件让很多人都为之羡慕的琴师服。那身衣服用百鸟的羽毛织锦，长长的裙摆，婀娜的腰肢，释放技能的时候，还会有特殊光晕加持。

无数个深夜里，窗外，皓月当空。屏幕里星河璀璨，我和他骑着马，穿着拖着长长衣摆的衣服，奔跑在游戏中的山水之间，他和我说，再过一个多月，他就解放了，到时会有两个多月的时间是泡在游戏里。我对他说，我也是。

其实我知道他说的是高考，而我也知道，他并不知道我便是那个上课睡到流口水的陈凤花。其实我并不是不想告诉他，而是有天我站在涯边，曾经问他。公子，你喜欢和我一起玩吗？他回答说，喜欢，喜欢白花花。

那天的情景让我近来一直回想不断，我就是哪个心里怀着两个心思，并且相互矛盾着的人。我很想知道他的想法，却又害怕他知道真相后反而远离我。在双重折磨下，我惴惴不安地问着他："公子，你喜欢和我在一起吗？"

"我喜欢你。"他的回答很干脆，没有一丝犹豫地说了出来。

那一刻时间仿若凝固，整个世界满满的都是梦幻的色彩。从一开始见到他，到一直在网游的世界里追随，时间不多，短短的一个月，每天白天坐在他的身边和他一起上课，感觉时间好快，还没有来得及和他聊天，却是放学的时间到了。而时间又过得好快，因为每一分每一秒我都在想着他，想着他有没有在想我？想着那个游戏中和他一起浪迹江湖，彩衣袂袂的白花花。

而也是在这一刻，他看着游戏中的我，我沉默着低头不语。对于我来说，这是一个好消息，可是，又是一个坏消息。如果他知道我是现实中，整天与他坐在一起的同桌，他还会这样说吗？

见我久未回话，吴桐忽又问我："你怎么不说话？"

我愣了一下，实在犹豫着要不要告诉他我是谁。他见我没有回他，便又道："其实一开始，我见到你第一面时，看着你的名字，就让我想起了一个人。"

"谁呀？"我心头一紧，不知道为什么，我有一种不太好的感觉，索性转过身去，等他公布答案。

"你的名字和我的同桌好像，没记错，她好像和我说过，自己也叫花花。"

我把头低了下去，不敢看屏幕里的他。只见他随后又飞来一条消息，打开一看，心顿时凉了一半："不过还好，你不是她。"

那一整晚，我都没有睡，我不知道要如何去安放这段感情，该是喜，或是悲？好像收到了他的告白，但感觉又不像是我的。我长长地叹了一口气，望着窗外皎洁的月色，突然觉得，我和他之间，也许就像这月光，唯有在夜里，才会格外地明亮吧。

自那以后，我唯有装作什么都不知道，白天里我是他傻乎乎的同桌，夜晚里我是他身边巧笑嫣然的知心女子。即便是知道自己并不是他现实中倾慕的女生，哪怕在游戏里得到一点点满足，也是安慰。这些看似如此懦弱的举动，却是我每天鼓起勇气，在现实中面对着他的理由。

可惜的是，这世上所有的事，从来都不会两全。

时间和努力，对学生每一个人都是公平的。高考很快便来了，不出所料，以我爸爸和妈妈的话来讲，一直也没什么希望我会考上大学。只是这次竟然连大专都没考上，我算是彻底落榜了。

现在回想起来，对于爱慕之情，在十八岁，果真会不顾一切。那天成绩公布出来，我被老妈重重赏了一记耳光，老爸把我护在身后，脸上感觉火辣辣地疼，随即就像是要灼烧起来。可是我却没哭，满心满念都在想着吴桐的成绩会是怎么样。而那天，他却像消失了一样，并没有在那天出现。

晚上回家，与父母大闹了一通，锁上了房门，打开电脑，他竟然果真还在游戏里。他见我来很开心，兴奋地告诉我："花花，等我去了南京以后，就有很多时间玩游戏了。"

我诧异地问他："公子去南京？做什么？"

"上大学啊。我在之前的重点高中就获得了保送的资格，后来换了学校，就是为了离家近一些。高考对我来说，只是个流程……"

之后，他又说了什么，我完全不记得了，只觉得大脑一片空白，什么都没了。

关于和他玩游戏的欣喜，现实能继续同一所学校的侥幸，某一天时间更替，与他朝夕相处时，能喜欢上现实中的自己的希望。一下子，什么都没了。我开始对我的未来担忧，我究竟要从哪里开始，妈妈的耳光如今在我的脸颊依旧火辣辣地疼，而吴桐，他却只存在高高的位置上，并不会就此对我有任何的安慰。并非他无情，而是我实在胆小。如今连大专也没考上的我，更加地不敢再向他张口，问他会不会喜欢一个叫陈凤花的同桌。对于未来，我不敢再想。

我看着屏幕眼睛发花，两个角色坐在那里，我竟然不敢再去拨动他的脚步。家里，轻敲房门的声音从一开始的轻唤，到现在的高呼。妈妈叫门，越来越使劲，直到老爸出马，一脚把门踢坏掉。老妈担心得大哭，冲进来一下子抱着我，拍着我的背，对一头雾水的我哭道："我的花啊……我和你爸还以为你考不好要想不开……你可别这么吓我和你爸噢……"

那一刻，我的心彻底地冷了，为了这段感情，我以我的未来为代价，去成全了他。而我所得到的，不过是一段在虚拟世界中的那份满足。但是我的爸妈，却时时刻刻地爱着我，在我刚刚成人的十八岁里，依旧充当着守护者的角色。无论在外面受了多大的委屈，只要他们在，都是我庇护的港湾。

而对于吴桐，我并不怪他，毕竟他转学的时候，我也从来没有问过他为什么要来。就算是他说出了原因，我努力复习这两个月的时间，也考不上那所名牌大学。所以，一切我无从得知的事情，在高考结束之后一股脑地向我涌了过来。我措手不及，但我知道，该放手了。以白花花的身份，向着吴桐公子告别。那天开始，我在游戏世界里彻底地消失了。

后来的日子，爸妈帮我找了外市的一所民办高中进行了复读。我以我还算及格的文化课成绩，还有美术证书，获得了高考的加分。一年以后带着这两份的才能，以越过分数线一点点的成绩，考上北方的一所师范大学，毕业以后，回家乡当了一名小学的美术老师。

我和吴桐从那一年，似乎就应该画上了句号。

我结婚头天晚上，闺密们凑在一起聚会，有人提起来当年，因为我当年缺习毕业典礼，所以，收拾学校用品时，我的书桌只能由吴桐来清理。结果吴桐似乎在我的书桌里找到了一本书，翻着翻着就坐在那里痛哭了起来。

这件事曾经被好多人津津乐道，却阴错阳差地从来没有人告诉过我。

我的心莫名地波动了一下，我当然知道是什么。一本画册，里面有我和他在游戏里的各种故事。有他在战马上与田埂里的我初次相遇，有佳人抚琴凝视公子的竹林之美，有皓月当歌，白花花与公子桐的翩翩而落……这是只属于白花花和公子桐的记忆，满满一画册的纸张我画满了喜欢着他的感动和不舍。

最后一页，我用炭笔写下的一行字，从没想过会以这样的方式被他打开：公子桐，你知道吗？花花不知道未来是否有你也有我。如果缘起缘灭，但愿我们都勇敢一点，要么勇敢地去接受现实的对方，要么勇敢地分开各走各路——无论怎样的结局，我都喜欢你。

　　时间改变很多东西，失去的不会再回来。夜晚星河如钻，我挽着老公的手走在公园的小路上。那天下了一白天的雨，路边的梧桐叶子时不时会滴下几滴水来。有人慢慢从我们的面前走过，有人行色匆匆无心欣赏沿途的风景。而那人群之中，提着手提包的男子擦肩而过的瞬间。我转过头，笑盈盈地看见了他，站定后，轻快地喊一句："公子留步，我看你很眼熟啊！"

　　路灯下，携着先生的手，对面的人一脸惊讶，我笑了，对曾经的人道一句："公子，好久不见！"

一场烟火一刹那

年轻的时候，我们以为爱情会有很多，所以我们边走边爱。其实爱情一直是限量版，你错过了，就真的错过。

董小天和于小雨的爱情，以小天的话来说，就像拿了一手好牌一样，简直太顺了。

刚上大一的时候，每天都要途经一条小路，两个人其实本来就是擦肩而过的路人，一个往南走，一个往北走。突然校外燃放了一大串烟火，在高高的星空上绽放开来，那烟花大得好像就开在自己的身边一样。小天发现了站在对面的姑娘，眸子里映出的点点烟火的亮，简直美丽极了。小雨发现小天整个身体都在烟火的烘托下显得更加地俊朗，好似从言情小说里走出来的男主角。就这样惊鸿一瞥，爱上了。

董小天当时一边端着酒杯，一边提起这段往事的时候。我身边新加入到朋友圈的呆牛好奇地往前挪了挪身子，有兴致地说道："小天哥，您还没从爱尔兰回来之前，他们就跟我说关于您大学的事。今天可算把您盼回来了，早就听说过您在大学里一直和校花交往，给咱说说呗，像咱这种单身狗，追女朋友实在是不在行啊。"

董小天清了清嗓子，又挑了挑眉毛，一脸痞笑："说说？想听？"

呆牛连连点头："想听想听。"

董小天把酒杯一放："得，讲讲。其实追女朋友啊，第一，要脸皮厚。第二，要做到什么都无所谓。也就是说，开始追她的时候呢，要主动，什么都敢说，什么都敢做。一旦你把女朋友拿下，就一定要做到什么都无所谓，吵架无所谓，分手无所谓。这样，你的女朋友啊，会总觉得你有性格，敢爱敢恨，到时候啊，就换成她黏你喽。"

呆牛好似没听没明白，眨巴眨巴眼睛，看着董小天把杯子里的酒一饮而尽，笑着低下头，不知在想什么，再抬起头时，又活跃了起来。

董小天是典型的富二代，老爸老妈都是在城乡接合镇上开矿山的，以他自家的农村户口来讲，他爸妈打他出生就为他制了一系列的脱农计划。所以，那会儿让他自己说自己的户口本上变成了哪里人，有时连他自己都说错。而他的小时候，也是挺苦的，说苦，可以有一大片吃瓜群众会笑。这种含着金钥匙出生的孩子会苦？嗯。钱，他不缺。缺的倒是父母的陪伴。那会儿，家里亲戚都是地道的农村人。他爸妈精神洁癖，觉得这将会是小天脱农的阻碍。就算让小天在矿上玩，也不能托付给亲戚带。于是，小天从很小的时候，就跟他爸爸的保镖一起玩，保镖换了一批又一批，小天在人家换工作的时候，哭得比死了爹还惨。就这样这货从小到大，学了一身的痞气不说，打架从来都没输过。而且，他对于朋友间的赌气、回避、不理不睬，都很无所谓，可能是因为，他渐渐习惯了他爸换保镖的模式，所以用他的话说，谁走无所谓，重要的是你在不在乎我这个兄弟。

而对于小雨，就一个长相甜美的校花级女孩子，家境一般，但是父母不赖，绝对是那种平平常常会过日子，又把女儿带到很淑女、有礼貌的那一典型。所以，当她和小天在校园中，共同遇见大学校外的那场烟花时，她觉得对的人在对的时候出现，就是上天赐予的缘分。而日后，发现董小天，安静下来的时候，外表英俊，相貌堂堂。他与她说话的表情中偶尔透出的痞气，生活中的小坏，以及在校园中，从来不怕谁的张扬性格，都在深深地吸引着于小雨。于此，这段爱情就在大一那年，轰轰烈烈地开始了。

年少时爱情，往往都始于崇拜和吸引。

起初，于小雨还是很害羞的，源于母亲在上大学之前的满口叮咛，本来于小雨觉得只是上个大学而已。结果在母亲的强调下，小雨怎么听怎么觉得，大学之中，男男女女除了学习，便是遇见爱情。

幸运的是，她遇见爱情了，在烟火灿烂的时候遇见董小天。并且，小天又是无数偶像剧里的灵魂男主性格，这让于小雨每次见到他都既紧张又兴奋。

而董小天觉得，于小雨长得漂亮，而且很乖巧，相处几天觉得，小雨所到之处，都是男生眼光的聚焦。这让董小天觉得喜欢于小雨的同时，更得到了深深的满足。于是董小天做出了个决定，必须要首先宣布领土的归属问题，让大家都知道于小雨是他的女朋友。

所以，当时的动静闹得挺大，在宿管大妈的威慑下，这两万两千两百二十二朵玫瑰算是没敢往女生宿舍里铺。但是，从宿舍楼里出来，这些玫瑰完完全全把女生的出入口堆得满满登登。一下子女生宿舍楼沸腾了，一堆堆的妹子占领了各窗口的位置，伸着脖子往下看。

新入学的学妹连羡慕带惊讶，原来这就是传说中的大学式求婚吗？而历经风雨的那些高年级学姐们，貌似对这种每年变着花样的求爱方式见怪不怪了，扒着窗台，往下面大喊："是谁啊，要死啊，把门口堵着，一会儿要怎么出去上课？"转回身便自顾自嘟囔着，"还是第一次见着这么多的玫瑰花，真是疯了。"

董小天拉把椅子在玫瑰花前一笑，雇了个嗓门最大的兄弟循环播放："董小天说了，于小雨同学，如果你答应做董小天的女朋友，他立马把花挪一边去，给大家让出条路。如果不同意，今天谁也不准出宿舍楼！"

这语气霸道，合着于小雨必须同意，窗边的女同学穿着睡衣都听傻了。待反应过来，小脸都红醉醉的，任何喜欢看偶像剧的女生大多对这种台词都没有任何的抵抗力，听着是种威胁，在少女年纪，听着却是赤裸裸的最浪漫的求爱方式。你必须，必须成为我的女朋友。

恐怕在当时，没有人会受得了这样的玫瑰攻击。这震撼带来的不仅仅是视觉上的，还有心理上的，年轻的女孩子，谁会没有几分虚荣心呢。

拥簇中，于小雨被舍友推到了窗边，那舍友穿着睡衣，头上包着毛巾，直接站在了窗台上，一点儿女生范儿没有，倒是更加霸气至极："想让我们于小雨成为你的女朋友，可以啊！不过我们不需要人傻钱多的家伙，需要的是壮男。够不够壮啊！"

董小天直接从椅子上站了起来，声音竟然比那喊话的兄弟还大："必须壮……"

那女孩爽朗哈哈一笑："来啊！宿舍口被堵了，你从楼下爬上来啊！"

董小天旁边的同学一脸惊："我的天哥，三楼啊！"

董小天一扬手，让他住口，自己径直走到了于小雨的楼下。窗边的于小雨表情很担忧，连连说："别听她的，别听她说，别爬上来，太危险了……"还没说完，便被女孩拦到一边："小子！算你没尿，给你条路，爬上来……"说完，从窗口顺下了一条由被单到窗帘系在一起的一大条布索子。安全系数不高，就看董小天敢不敢了。

董小天自来就有一股蛮劲，认准的事，一条道跑到头。当下在手心里呸两口，利索地抓起布绳子，抬脚就往上爬。旁边的男同学早就一窝蜂地拥了过来，在下面时刻准备接住万一会掉下来的董小天。就这样，董小天愣是从一楼，爬到了于小雨的窗下，一翻身进了女生宿舍。大手一捞，一下子抱住了小雨。小雨吓得在小天的怀里哇哇大哭。舍友和其他同学在一旁拍巴掌："真爱真爱，这下子，我们同意了！"

经过这么一场轰轰烈烈的求爱行动，于小雨正式成为了董小天的女朋友，两个人手牵着手，从女宿舍楼里踩着两万条玫瑰花铺就的小路，一直走到了老师的教导处。据当时的老师后来形容，两个人写检查都笑眯眯的，再看写出来的东西，跟情书一样。

这般轰轰烈烈，震动四海八荒的求爱方式，带给众人的震惊还远不止这些。这所大学所在城市所有的花店，红玫瑰花都没得卖，为此还上了当地的报纸。第二天，以董小天拉着窗帘爬到二楼的照片作为头条，登到了头版。

没几天，社会舆论，董小天爸妈的反应，大学同学间求爱的标杆，大四学长们的论文观点，铺天盖地地飞了过来。

而此时，董小天和于小雨，正坐在图书馆里安静地共同享受一杯奶茶。

两只吸管插在同一个杯子里，故意离得好近，脸贴着脸。董小天顺势轻轻地吻了一下小雨的额头，小雨一下子脸红红的。董小天觉得她脸红的样子，好可爱好可爱。笑眯眯地觉得自己的计划成功，需要的就是这种小暧昧。

于小雨呢，因为家就在学校的附近，每次周末从家里回来，都带了满满一大包吃的，里面还有妈妈做的家常菜。董小天家离得远，通常周末和放假，他是不回家的。认识于小雨之前，还能约三五个好兄弟出去吃吃喝喝。自从和于小雨开始交往，周末就是躲在宿舍里和于小雨视频聊天，等着小雨回学校，再和她一起吃她妈妈带来的饭菜。董小天连小雨家是啥样，父母长什么样，每天都吃的啥菜，了解得清楚无比。是的，小雨家没有他家的房子大，没有他家的房间多。但是，董小天很羡慕她家有一张可以一起吃饭的桌子。虽然很小，但是每次都不会有人缺席，真好。

大二那年，也就是第二年放烟火的时候。董小天拉着于小雨的手，来到了校园外面的广场上。于小雨顶着头上大大的烟火，对小天说："我喜欢你，以后，每一年，你都陪我来这里看烟火，好不好？"

董小天笑着点点头："好。"

青春，对男生来说充满着不羁的年龄，荷尔蒙让他们对未来在很多不确定性中一无所知。只知道现在拥有的，所守护的，理所当然的就是自己的。

可是这结论下得太快，一场大学，四年的光景被时间摧残得一片狼藉。原因只是因为于小雨太乖，在一些行事上过于懦弱。比如，其他男生想借阅她的论文资料，她借了。有作品没有完成请她帮忙，她去了。告诉她夜晚过九点以后，不能用画室，她在导师的高强度作业任务下，九点以后果真乖乖从画室里出来。在董小天看来，这些事，本应该拒绝和不用听话的。但是于小雨说大家都是朋友，而学校也是有校规的，我们作为学生，应该遵守。

但在董小天这里，要的并不是一个解释。而是他觉得自己的大男子主义和地位被动摇了。他对此非常非常地不爽。难道，作为一个有霸道气质男朋友的于小雨，还用遵从这些吗？

两个人在大四一年的时间里，不断地争吵。因为每天出现的各种问题，好不容易和好了，接着又出现了下个状况。

董小天觉得小雨开始这样的不听话，那么，他为什么还要理解她呢？于是，董小天开始把眼光放在了别的女生身上。新进的大学学妹很多，比小雨漂亮的人没有，但是气质差不多的还是大有人在。

他开始把电话发给几个女孩，约着她们出去玩。他觉得，只是玩玩，自己最重要的人还是小雨。但是无奈两个人在冷战，自己也没必要守着这些闹心的时间，而不去开怀畅饮。等着小雨哪天不气了，冷战结束再约小雨一起玩。所以，董小天觉得这没什么不对，相反，没准这会让小雨知道自己不是没她不可以，自己还是有魅力的。

但是于小雨不这样想，回到宿舍，在舍友面前哇哇大哭，气得那个当初要小天爬楼的舍友拖起了拖鞋就要去找小天评理去。于是每天，于小雨和董小天都在冷战。越冷战，董小天越变本加厉地于小雨面前和其他女生暧昧。舍友看不过，不论场合，都要直接过去，想要扇小天嘴巴，可每次，都被于小雨强拉着。不许打他。于小雨满脸的委屈，却又用很大的力气去拦着。

恨铁不成钢的舍友们，只能眼睁睁看着小雨一边痛苦一边包容。这样复杂的情绪日日折磨着小雨，女孩开始日渐消瘦，憔悴。

直到有一天，大学到了最后一个学期，很多同学都去实习了，而董小天因为离家远，外加兄弟多都还在宿舍里住，所以一直没有在外面租房子。于小雨回了家，和董小天见面的机会少了，说话也少了，彼此没有了沟通。董小天非常地郁闷，约了几个新朋友出去玩，结果喝多了，早上被人扒光了身上的衣服赤裸裸地扔到了操场上。那时，董小天还在呼呼大睡。但是校园炸锅了，晨练的同学早早就发现了他。但是，有时同学之间就这样，大家都知道董小天的身份背景，这三年，也在学校里作了不少祸。所以，这次有不敢上前的，有疾恶如仇的，有看热闹的，大抵是董小天一条内裤躺操场上一个来小时，等宿管大妈从楼里跑出来叫醒他时，他一脸的迷茫，围观学生哄然大笑。宿醉还没醒彻底的董小天第一次在这么多人面前晒自己只穿一条内裤的小屁屁，反倒没觉得害臊，跟着一起大笑起来："快毕业了，今天就让你们看下老子的身材，怎么样，喜不喜欢啊，宝贝们！"

"啪"的一声响亮的耳光清脆地响起。

董小天感觉脸颊火辣辣地痛，转过头，刚想骂，却看见于小雨满是愤怒的脸。她咬着牙，表情让董小天足够记一辈子，犹如电影之中的慢放镜头。她皱起的眉，绝望的眼神，落下的手臂，以及被风带起的长发从她的耳边滑落。董小天酒醒了，但是，于小雨，头也不回地走了。

从那以后，董小天，再也联系不上了于小雨。毕业以后，小雨离开了这座城市。那年的广场烟花，只有董小天一个人看。

后来，董小天听从父母安排去了爱尔兰，这次回来，我们都知道董小天又喝多了。去了趟洗手间的工夫，人就一直没回来。

呆牛问我："姐，小天哥哪里去了？"

我抬起眼睛看着他："应该一会儿就回来，他的行李箱还在呢。"旁边的兄弟有点儿担心："喝了那么多酒，别出什么事，我们去找找吧。"

我低头看了看时间，起身招呼大家拖着他的行李箱，结了账，跟我走。

校园外的那个广场上，烟火即将绽放，董小天双手插兜一个人站在那里，一动不动。我走过去和他说："你知道小雨不会来的，这么多年，还是放不下。"

董小天低下头，再抬起头时，烟花刚好登场，他看着一次又一次的烟火，漫天流萤，美极了，真的美极了："以前总觉得无所谓，现在越来越知道，失去了她，是我这辈子最后悔的事。"

他转头又看向了我，然后流着泪，笑了。

我没有再打扰他，带着他的兄弟们，退远了。有些人，就是需要一点时间去感怀心事。而当年，那个让董小天爬楼的假小子舍友，其实就是我。在同样一场烟火里，沉溺而居，从此再也没能醒来。

真心就像一场烟火，只有一刹那的珍贵。失去的，将永远不再有。而没有抓住的，无从争取……

有一个姑娘

世界那么大，我遇到你，世界那么小，我丢了你。爱情从来都不是一个人的独角戏，爱需要包容和改变，当学霸遇到吃货，注定受伤的是吃货，因为她装满食物的大脑，反射弧有点儿短。

写这个故事之前，我特意跑去问了老徐，我能不能写写你的故事。老徐懒洋洋地躺在沙发上看电视，大手一挥："尽量把我写美一点。"

如果说我们的青春充满了五颜六色，那么，老徐同志的青春，就是只有白色。为啥，因为她毕业于医学院，一个盛产神圣地方。

翻开她那个充满消毒水味的大三。阳光，杨柳，安放在学校一角整齐的自行车，白衣少年，刷得白白还没干透的布鞋，关于老徐和大博两个人的合照上，老徐貌似笑得差一点点就可以看得到她的后槽牙。

老徐的嘴不大，我只是很违心地想在本文里形容一下，那会儿的老徐和大博在一起，是多么开心的事。

医学院，出产高能量人才的地方，用老徐的话说，考得进来的只有两种人：一种是高富帅、白富美，有家世有背景，学得好坏无所谓，反正家里只要使把劲，就能在毕业以后，得到去大医院工作的机会；另一种，便是学霸靠自己的高能量大脑，去吸纳四海八荒的各路医学知识，以一种你不服我，我必须让你服的精神，压倒大众，实实在在地认证了"知识就是力量"这句名言。

当然，我们亲爱的老徐偏偏这两种都不沾，她在医学院绝对是护理学专业的一朵奇葩。没家世，没背景，除了长得秀气，穿上护士服不算矮肥圆，人家就是奔着看侦探小说里面的割肉情节考进来的。可笑的是，她的第一志愿不是护理专业，而是明晃晃的法医。奈何第二种的学霸头脑没有她的份儿，就这样，捡了个护理专业的位置，硬着头皮挤了进来。

而大博，那个阳光下，骑着单车的白衬衫小鲜肉，却是实实在在的两样齐全了。爸妈都是名医院的高干，老爸的学术论文常见报端，老妈的一周专家号一票难求，而大博自己精通各路医学研究，最感兴趣的是对于临床疑难杂症的研究和探索。有一点高傲在里面，但是这一点并不让周围人鄙视，谁让人家是满满一脑袋的手术刀行走路线图。家财不用说了，单就这高挑清瘦的身材，永远烫得平整的衣衫，离远看，完完全全就像一个行走的小太阳。

至此，老徐是学护理专业，大博学的是临床，按理说俩人一个卑微到尘土里，一个高高在上稳坐云端，怎么也都是云泥之别，更何况不是一个专业根本分不到一起上课。可是命运偏不，硬是把护理和临床安排在一个教室上课。那天就像天塌下来一样，老徐偷偷地在教授画心血管解剖图时，往嘴巴里塞了俩薯片，刚嚼下去，那清脆的"咔咔"声引起了坐在旁边大博的注意。大博侧目，盯着老徐目不转睛地看着她的嘴。

老徐当时挑起一侧眉毛，心里犯浑：这是在等着继续嚼吗？

老徐嘴巴又动了一下，"咔！"

对方的眼神犹如饿狼，一动不动。

算了，老徐也不嚼了，直接把薯片生吞了下去，完整薯片进入食道的感觉，简直不能再酸爽。

于此他俩这梁子，算是结下了。

老徐爱吃零食，还是那种吃而不肥的体质。当然，在老徐这里，吃不肥还有另一个原因。因为零食吃饱饱的，饭就吃不下去了。于是，她总是属于那种别人上课她饿，别人吃饭了，她趴在桌子上睡觉的反差萌。

就在那天中午，她突然醒了，想起一件事，似乎很诡异，她早上买薯片了吗？

并！没！有！

脑子里大博的眼神一闪而过，好像一把手术刀把她的脑子切开，从里面取出一只猪来。大博的薯片怎么会在自己的包里？老徐想炸了头，突然一眼瞥到了另一侧椅子边自己那安静放着的包包。

我的天，居然拿错包了！

老徐就这么稀里糊涂地吃了大博的薯片，但她也并不是那种爱占小便宜的人。第二天上课，大博并没有坐在老徐的旁边，估计还是对于老徐这种上课不注意听讲吃零食的女生比较反感，学霸通病。于是老徐脖子环了三周，在隔三排的座位上，瞄到了他。字条传过去，大博打开一看，明晃晃四个字：放学别走。

那会儿下课铃响起，老徐拿着薯片递给大博时，大博正在写着笔记。头也没抬，好像并不是因为听了老徐的话等她。老徐寻思了下，怎么看，怎么还是觉得他果真不是冲着那张字条等她。算了，老徐觉得，吃人嘴短，赶紧把薯片还回去，从此井水不犯河水，两清了。

"知不知道总吃这些东西，你未来有百分之八十的风险会患上高血压、高血脂、糖尿病。就算你觉得日子还长，那么请留意你脸上的皮肤，有多少毛孔粗大，粉刺横生，还有多少黑头之中已经或者即将要冒出的痤疮都在告诉你，你的这些零食……"

"咔！"

老徐面无表情地咬碎了手中，本想还给他的第一片薯片。

"咔咔……"

很明显老徐打断了大博的话，咀嚼着薯片的嘴巴很慢很有节奏地运动，漠视着他刚才说的那么一大堆的话来。

大博很无语地看着她，估计是觉得老徐作为一个医学院的女生，能做出如此不优雅不矜持的事情，真是没救了。

而老徐更是觉得她遇见了一个情商超低，说话超级不留余地，也就是传说中的不懂人情世故的社会智障，而感到悲催，十分地悲催。

一盒薯片几口吃完，空盒子往大博的面前一推，爱怎么着怎么着，反正老徐饱了："既然这食品这么垃圾，那我帮你吃掉它，说到头，我算是你的救命恩人了吧？"

自从那次以后，老徐继续学习，并且安心地依旧在老教授的课上吃薯片。而大博时不时地总会被前方飘过来的薯片味而打扰得不能专心听课，眼睛往老徐那边瞄。有时一节课下来，就觉得这女生一边吃零食一边上课好似就是分不开的。有次课，老徐拿了三盒薯片出来，竟然还是不同味道的。更让大博意外的是，那节随堂考，她竟然还考得不错。

看来吃货的脑回路也和凡人不一样啊！

随着课程的进展，终于轮到了她们班的一堂解剖课。大博稳稳地拿着解剖刀站在尸体旁，一边听老师的讲解一边开始下刀。胆小的女生缩到墙角走开了一波，受不了福尔马林味的男生女生吐了一波，还不算预想中那几个即将晕倒的。大博这会儿只剩下无奈和摇头的份，没办法，他从小跟着爸妈一起在医院长大，对于这种胆子小，心理承受力低的同学，表示十分地不理解。

然而，只有一位女生从这些快崩溃的同学之中脱颖而出。并对大博每割下去的一刀分开的一条条肌肉、血管和神经都非常地感兴趣。并对此大有渴求地询问着大博，这是什么肉？这是静脉吗？哇，下刀真准，这就是教授讲的主管运动的大脑区域吗？

整节课，大博竟然被这女生追捧得有种他老爸上手术台时，被实习医生崇拜着的那种满满的骄傲感，并为此深深地迷恋上了这种感觉。他美滋滋在一整堂课，切掉了一个人的从大脑到四肢的运动神经的一部分支线。抬眼，看着解剖床对面，被帽子、口罩、解剖服裹得严实的女生。那双看着尸体放着绿光的双眼皮子，怎么看怎么觉得熟悉，这丫头是谁呢？

老徐。

老徐一边指着尸体，一边指着大博，再指了指尸体，再指了指大博，激动得半天说不出话来。大博绝对不知道，老徐在今天绝对算是第一次满足了看小说时，对小说情节满满的贴切感。棒，很棒，大博确实让人佩服。老徐此时的心里除了下课想吃顿好点的午饭，就是对大博满满的崇拜感。

下课后，老徐一句话没说，转身，满怀激动的心情离开了解剖室。那背影就如同刚下战场的女战士，关于人生的追求，关于梦想的达成，关于未来的展望。让老徐觉得面对人生的舞台，这就是开始。

而惊喜还在后面，第二天的课堂，大博主动坐在了老徐的身边，并且买了满满一大口袋的零食，递给了老徐。

　　对于老徐而言，有吃的其实什么事都好说。大博也是一对熊猫眼笑眯眯地看着老徐，估计是昨晚内心挣扎了一夜没睡，但最后还是被老徐昨天一堂解剖课的表现所征服。

　　大博和老徐就这样开始了。学霸和吃货的爱情就这样开始了。

　　老徐为了大博戒掉了上课吃零食的毛病，改成吃午饭的习惯。大三这一年，一个护理中等生，一个临床高才生就这样天天地腻在一起。上课的时候一起偷偷往嘴里塞零食，中午一起吃午饭，下午老徐被大博用自行车带着在公园、书店、大博爸妈的医院里撒欢。日子说快过得也快，不过两个人和其他情侣一样，也会为各种小事争吵，而最厉害的矛盾点却是因为第三者而争吵。

　　话这样说出来，有点儿俗气，只是这小三可并不俗，因为这小三是一只狗狗。那天下雨，大博带着老徐放学经过一条小路时遇见了正在淋雨的小狗，看起来流浪多日，精神头并不好，而且后腿那里应该是受伤了，很明显有骨折的迹象。

　　老徐撑着伞从自行车上下来，打算把狗抱回去，同情心泛滥的老徐，实在狠不下心让小狗自生自灭。但是大博不许，太脏，说不准有狂犬病。于是老徐撑着伞，抱着狗，被大博无情地扔在了原地。

洁癖和偏执狂的大博淋着雨独自骑着车子回了家，这算是两个人第一次不欢而散。

然而，老徐脾气更倔，她把狗狗直接抱到了宠物诊所，洗澡，接骨，打针，打疫苗，还用自己买零食的钱买了一堆狗粮。这狗，她便是收养了，每天放学早早回家去照顾，在她的出租屋里，一人一狗很快感情上升到抱着一起睡。

于是，大博觉得，一开始，那个在解剖台前崇拜自己的老徐不见了，面前这个时常怀疑他有没有博爱精神的家伙，到底是谁？

不过自古英雄难过美人关，为了让大博和自己说话，老徐可谓是十八般武艺全上阵，哄得大博不得不原谅她收养流浪狗的事。哪知往后的事更加地复杂，大博总觉得老徐的身上有股狗狗的臭味，只要走得近一些，便嚷嚷回去洗澡，这让老徐是非常不爽，相当不爽。

老徐义正词严地告诉大博，这世上动物也有生命，作为医生，应该一视同仁，如果一只狗狗的生命在你的眼里是那么脏的话，当你成为真正的医生时，会不会对病人的高低贵贱做到一碗水端平？

大博不解地抛出了一句话，让老徐觉得他也实在是没救了，大博说："狗不是人，我也不是兽医。"

说到底，老徐也问过大博以前的朋友，他们说大博从小确实是不喜欢猫猫狗狗这类的小动物，这可能是和家庭环境有关。有次他说，家里的阿姨每次擦地洗衣服都必须用上消毒水，所以，家里的味道总感觉和医院没什么差别。

　　老徐当时只是觉得他爸妈当医生的洁净要求程度确实和自己家要求的不一样。貌似很早以前，没有洗洁精那会儿，家里洗碗只用开水烫着洗。当然，自家老爸的说法是，当时也没那个经济条件天天买肉吃，所以，洗碗也没那么多的油水需要去洗。

　　不过，就这个说法来看，老徐确确实实地觉得大博对于动物的感情，倒也不是厌恶，而是一种与生俱来的洁癖。首先，大博不喜欢动物身上的味道，哪怕一点点的味道，他都能闻到，那鼻子堪称警犬一号。并且，大博更加受不了经常出现在老徐衣服上的狗毛，偏巧老徐家的狗狗飞毛简直无处不在。每次出门，老徐都万分小心，动用一切粘毛的工具把衣服好好粘一遍再出门。但是，即便这样，大博仍旧每一次都能神奇地盯到一两根狗毛，两条眉毛拧一起，半天吃不下饭。

　　于是，但凡因为狗狗的话题出现，接下来必定是老徐和大博的争吵。不光这样，老徐还发现，大博不再喜欢和她一起吃饭了。更夸张的是，两个人走在路上，中间会自然地隔一点距离，就算是和大博牵了手，回去以后，大博一定会来来回回洗很多遍的手。

那会儿以老徐的话来说，好像大博觉得每天就像跟只狗在谈恋爱。嗯，对，没错，跟狗狗吃饭，跟狗狗说话，跟狗狗牵手，甚至跟狗狗接吻！

老徐有些郁闷，自己有那么脏吗？可是，大博就是受不了。

当我听完老徐的描述，接过老徐递过来的牵狗绳时，忍不住捧腹大笑。可能作为朋友来说，这多少有点不厚道。不过，就老徐那个破涕而笑的无奈脸来说，也算是旁观者清。对于一个洁癖的伴侣来说，卫生洁癖还好，最怕的还是心理洁癖。我说给了老徐听，老徐不相信，装着没听懂。我也便没再说什么。朋友只有帮忙维持和平的份，于是狗狗我抱走，让她放了不少心。

"记得，养好我家三儿，敢让它吃不好，老娘我吃完你家所有能吃的东西。"

我突然想到了我娘亲过年从老家来看我时，带来的三大根火腿来，不免心里介怀会不会让三儿吃了？三儿不吃，老徐会不会吃了？

不过，即便是，小三儿放在了我家寄养，老徐和大博还是会因为其他一些别的事情闹脾气。可能因为两个人当时在一起时，所欣赏对方的那些优点都快磨没了，其余的就算是讲道理也讲不明白的鸡毛蒜皮。

继续维持和平的两个人都很累，就这样，吵得多了，见面也越来越少了，外加冷战时期的各种冷漠，毕业以后为了能在一个医院一起实习，而需要办理的各种烦琐的手续。都让大博没时间和老徐在一起，老徐也是没工夫再像往常一样缠着大博说话，就连经常向大博低头的老徐自己都开始怀疑，自己与大博的未来，会不会真的就没有未来了。

两个人最后的分开，是双十一那天，那是一个四海八荒全民一起剁手的日子。

就在那天，老徐把自己的手剁了，缝了五针。我赶到医院的时候，她全身都是血，粉色的实习护士映衬着她眼中隐忍的倔强和坚强。门诊上事故摩擦不断，有病人家属闹事，老徐拦了一下，手背被锋利的水果刀划开，鲜血顺着她的指头滴滴答答落在地上。咱们的女英雄却没有一脸的悲壮，见到我来，还示意我给她拍张照片发到朋友圈。

让我惊讶的是，当时正在同一科室的大博没出现，说是拿着本病历找教授去病房临时巡房去了。老徐擦擦眼泪，笑呵呵地告诉我，就当青春喂了狗。

我拍拍她的脸，不经历人渣，怎能遇到白马！

一转眼，可又是两年过去了。老徐和大博各自离开了实习的医院，不再有联系。老徐因为实习期剁手这件事因祸得福，被当时的护士长看中，申请留院任职。就这样，老徐在外面转了一圈，又回到了医院，在那所省级医院的心理门诊，当一名极富有爱心和正义感的小护士。

而两年后，再次遇见大博，他却不再是医生，而是到心理门诊就医。因为他步入工作后，遇见了各种形形色色的人，每天让他的洁癖折磨得自己死去活来。那些实实在在的人类口水，呕吐物，身上的污浊味道，让大博即便是有满脑子的知识，都没法发挥出来。听人说，后来他辞了职，被他的父亲拉着，去看心理医生。

两个人再见面，恍如隔世。

每个人的青春其实都是一部精彩的电视剧，有平淡的、高潮的、悲伤的、快乐的、各种起伏的情绪混杂在里面，就构成了我们独一无二的青春。那个时候，我们总以为，爱一个人就是天荒地老，往往会被那个人折磨得自己都变了样子。后来我们才发现，其实我们每个人都没有那么伟大，只不过，我们每个人都有重新开始的机会。而这样的机会，却需要一个推翻自我重塑自我的勇气。

老徐从来都没有说过大博的坏话，而相反地，她一直在告诉所有人，大博是一个非常好的大夫，还是一个很好的人。只不过，故事的最后，我们的好姑娘没有和好大夫在一起，而是选择了在救死扶伤的路上孤军奋战。

其实，两个都很好的人，未必会是好夫妻。

愿天下好姑娘，都能坚强！愿我的好姑娘老徐，能尽早遇到她的王子！

告别的是生活，迎接的是重生

有些人，你把他当成自己世界里的 NO.1，可是在他的世界里，你不过是配角乙丙丁。歌里唱："挥别错的才会和对的相逢。"可是这个世界上，你总会爱上不爱你的人，也会遇到爱你的人，而这些阴差阳错的事与愿违，都只不过是人生。

萧琪失恋了。

她失恋的第一症状就是嗜睡，从傍晚七点开始睡，睡到次日下午三点。以梦游状态吃完全天里的唯一一顿饭，回到床上继续睡。电话不接，微信不回，任凭智能手机没日没夜独自工作两天后自动关机。

再一次睡过去醒过来的时候，已经是失恋第五天了。闻着要臭掉的自己，萧琪面无表情地走进卫生间，半个小时后，里面终于爆发出一阵惊天动的惨绝人寰的痛哭。

至此，第一症状结束。

其实萧琪很早就知道程子峰出轨的事，在她从上海提前回济南的那天，其实剧情很狗血，女主人想要给男主人一个惊喜，惊喜却变惊心。蹑手蹑脚打开门，却被门前青色小羊皮的高跟鞋吸引，能把这个颜色穿出来的女子，一定非常地有品位。让她没想到的是，她们俩人对男人的品位还是真一致，尤其是看到床上正在奋战的两个人，萧琪出人意料地没有惊动他们，默默退出去，关门。

近乎是颤抖地拨通程子峰的电话，那边过了很久才接，程子峰不耐烦地说了声，我在开会，晚点打给你。听着电话那边传过来的忙音，萧琪只觉得浑身冰冷。

可是她却选择了原谅和装作不知道，她爱这个男人，爱了五年，她从来没有想过，自己如果离开他，会是什么样子。可是一个人再好的演技，在洞彻真相的另一个人面前，都是对自己最大的讽刺。萧琪只觉得刚开始那几日，她的心都漏了一个窟窿，夜夜灌着冷风，呼啸而过。

萧琪洗完澡，给手机充上电，在微信和10086提醒短信的轰炸中，她逐条翻阅着信息，有同事朋友的，有父母的，也有死党的，唯独没有那个人的。

于是萧琪开启了失恋第二阶段，捏造一个幸福的朋友圈，打造一个充满正能量的社交平台。先是给众人回过信息，给老板回电话说自己下周一就可以正常上班了，这次请假权当年假。接着萧琪便开始琢磨在朋友圈发点什么，思来想去不如去微博上看看段子手的经典语录。于是这一晚，萧琪的朋友圈从不忘初心到阳光中的微笑，从告别到新生，以刷屏的形势迅速霸占了朋友圈。

还记得刚开始和程子峰谈恋爱的时候，微信不流行，唯一能泄露情绪的就是 QQ 空间和 QQ 签名。两个人幼稚地开通了情侣空间，从头像到签名，整得就像连体儿一样。

是从什么时候开始不爱了呢？是从程子峰开始换工作，还是从自己的工作开始忙碌了之后呢？萧琪只记得，当她第一次领高工资的时候，程子峰是开心的。那天恰好电视台报道趵突泉水位上升，喷涌量增加，两个人索性下班后，就跑去看趵突泉，然后回来的路上，萧琪撒娇说自己腿疼，程子峰就背着她，一步一步地晃悠回到了家。再后来，她的工资一次次增长，而程子峰却在不停地换工作，他们换了新的小区租房子，换了新家具，她开始计划着在这座城市买一套房子。可是，两个人却因为买房子这件事生了一场很大的气，原因不过是因为程子峰觉得他负担不起一栋房子的首付，而萧琪要出首付却打击到了他的大男子主义心态。

估计从那个时候，程子峰就已经开始不再爱了吧。他希望自己可以做两个人中的主宰者，可是偏偏萧琪，在职场中比他更出色。

萧琪折腾了两天朋友圈，突然发现一个问题，分手那晚，他们似乎双删了，也就是说，这几日的鸡汤励志朋友圈，程子峰根本就没有看到。

至此，第二阶段结束。

萧琪的失恋第三阶段来得有点晚，这两周她都将自己忙于工作之中，根本没空去管理自己的心情。就连最严苛的客户，都被她轻松摆平，于是，换来了一个清闲的双休。

好死不死，恒隆广场对着他们曾经常去溜达的小巷里子，萧琪看到了程子峰和他的新女朋友。萧琪坚硬的外壳终于崩溃，人潮中，她毫无形象地蹲在地上号啕大哭，引来众人纷纷侧目。程子峰挽着小女友的手，从她身边路过，头也不回，小女友还好奇地问，"那个姐姐怎么了，哭得这么伤心？"

一开始，萧琪都只是觉得，分手就是两个人分开而已，可是当对方率先牵住别人的手时，她才真正明白，分手，就是再也不会从两个人变成我们，再也不会有任何交集。

认清现实的萧琪灰头土脸地回到家，她决定开始一次大扫除，把程子峰用过杯子、筷子、勺子、毛巾、牙刷、刮胡刀、洗发水、拖鞋、睡衣甚至枕头统统打包送给了泉城广场拾荒老头儿。做完这一切的萧琪，看着空荡荡的出租屋，便只有把自己窝在床上，含着热泪一遍遍地听孙燕姿那首《开始懂了》。

歌里唱："相信你只是怕伤害我，不是骗我，很爱过谁会舍得？把我的梦摇醒了，宣布幸福不会来了。"我们每一个人，对待爱情的态度其实都是一样的，只不过当分手的时候，有人能够全身而退，有人却只能在回忆的泥潭里挣扎。我们总是擅长对别人的爱情指指点点，却总也看不透，自己的感情，看不懂，自己的心。

失恋的第四阶段是重生，想通透的萧琪就像变了一个人一样。开始学自己从小就心仪的古筝，曾经这在程子峰眼里，是典型的矫情。可是现在俩人分手了，她便报了一周两次的古筝课，最后索性买了一架古筝；她辞职去了三亚，晒得一身小麦色皮肤，还跟美国潜水教练约好考潜水证；她去了清迈，路边摊好吃的让她恨不得扎根住在这里；她还去了西双版纳，去跟寨子里一个年轻小伙子学做木工，最后差点被痴情的小伙子留下；她去了上海，迪士尼乐园里，她带着米奇发箍跟小朋友一起吃雪糕，一个人在游乐园里玩到漫天繁星，突然觉得这样的人生其实也不错；最后，她去了北京，曾经她和程子峰说好要一起来祖国的心脏看看，可是现在，她一个人踏遍了北京大大小小的景点，没觉得遗憾，只觉得好喜欢这座城市。

于是她决定留在北京，这座包容性特别强的城市。她开始找房子跟人合租，然后投简历找工作。日子依旧过得波澜不惊，只不过她突然就成了朋友圈里过得最惬意的人，合租的妹子有一手好厨艺，两个女孩子周末的时候就挽着手去菜市场买菜，然后准备丰盛的伙食；她还学会了做蛋糕和甜品，偶尔做出来的东西还能得到同事们的满分评价；依旧是一周两次的古筝课，《高山流水》的曲子已经能弹得有模有样，索性买了一身古色古香的禅服，心情好的时候穿上，自娱自乐地弹一下午也不觉得累；她报了英语班，公司准备下半年要安排人去国外待一段时间，她觉得这是个机会。

失恋一年后，萧琪被委派英国一年。此时的她化着淡淡的妆容，周身气质让人格外舒服。萧琪说气质的改变是她没有想到的，应该是跟弹古筝和平和的心情有关，重整旗鼓的人，总是会有意想不到的收获。

临出国的前两天，我们为她送行，她和我说，你可以写写我的故事。

萧琪说，她和程子峰相识于两人刚开始参加工作的时候，那个时候她还是公司里最普通的实习生，而他却是销售部的精英。两个人携手渡过了很多难关，最后她决定冒着风险跳槽，而他却觉得安稳的生活才是正确的。两个人大概是从那个时候就已经离心了吧！

萧琪说，她很早就发觉程子峰不再爱她了，出差很久不见面，他回自己信息的速度越来越慢，有时候甚至都不会回。好不容易回来了，见面的时候却无话可说，要么玩游戏，要么就戴着耳机看综艺节目，相处的时候话越来越少，说的最多的，就是因为鸡毛蒜皮的事争吵。其实爱情里一个人爱不爱你，很容易就能验证。微博上有句话很经典，一个男人爱一个女人，要么给她钱，要么给她时间，如果什么都不给，那就是根本就不爱。一个人对自己在意不在意，自己最清楚，根本不用自欺欺人地过下去。

不过还好，萧琪要感谢程子峰放弃了自己，对他而言，他失去了一个爱她的人。而自己却失去了一个不爱自己的人，这样算起来，没吃亏。

我问过萧琪，到底程子峰有什么好，值得她曾这样留恋。

萧琪想了想说，也有可能，我留恋的是爱过他的那个自己。

跟过去说再见，其实也就等于真正告别了那个不属于自己的人。真正放弃一个人，其实并不需要说出来，而相反的，却是无声无息地。不再会刻意地回避他的消息，不再会看到他过得好而嫉恨，也不再会为他过得不好而难过，甚至就算再见面，也不会再面目狰狞，只会回报对方一个浅浅的微笑。

当我们真正放弃一个人的时候，其实是解脱的。用一个不爱你的人去折磨自己，就连自愈都需要勇气和时间。但是幸好，女汉子萧琪活过来了。

书上说，该走的总会走，该来的总会来，感谢你曾出现，现在我们都很好。

　　所以，如果分手了，就好好发泄出来。然后告诉自己，我要
努力变成更好的人，才对得起那个在深夜里，痛哭流涕的自己。

爱有天意

我是北方人，但是我喜欢南方，因为那里，有你。

我爱夏日的炎热，你爱冬日的酷爽，于是在我的世界里，没有四季，只有你爱的冬季。

世人说，爱着的人会闪闪亮地发光，那么我想，那道光也会照着他爱的人，怪不得你在我眼里，永远那么光亮。

施小蒙在朋友圈晒出了一张照片，顿时轰动了我们整个小学朋友圈。没错，是小学朋友圈，照片上单膝跪地求婚的男子，依旧是沈云之。

这对从小学三年就开始给我们撒狗粮的恋人，在经历过老师、父母、高考、异地恋之后，终于修成了正果。

借用沈云之的话说："我们将用自己的行动，向所有人证明，关于爱情，没有什么所谓的方法和法则，只有遇到对的人，并且为之坚信，彼此才是最好的一切。"

沈云之是我们班的班长，小学三年级的时候，几乎所有男生都没女生高的年代，他的个头便遥遥领先我们班一众小男生。我和施小蒙当年是同桌，因为我从小酸气十足，语文课代表就变成了我的常年工作。而施小蒙因为长得好看，又喜欢唱歌跳舞，被推选为音乐课代表。

每天早上和中午，施小蒙都要站到讲台上领歌，而沈云之就站着她的后面，像狗腿一样谄媚，只要谁敢不唱，立马就会被记到他的班长告状专门小本本上。

为了能跟施小蒙做同桌，沈云之有一段时间对我特别好，值日不用做，黑板不用擦，甚至连迟到都不会被老师知道，害得我有很长一段时间被周围同学孤立。但是遗憾的是，毕竟还是小学生，换座位这事最后因为老师不同意而作罢，我的特权也因此而消失。

不过让我郁闷的是，沈云之简直就是一个话痨，在小字条横行的年代里，我就是沈云之的信使，每次上课他都要给施小蒙传字条，而小字条又要经过我的手才能到达施小蒙手里，我一边要防着被老师抓住，一边还要随时防备老师提问，简直是苦不堪言。我问沈云之，能不能看在我这么危险的分儿上，少诉点衷肠。谁知那小子却嬉皮笑脸地回答，为了我的终身幸福，你足智多谋，就成全我吧！回头我们俩结婚的时候，我请你当证婚人！

我呸！你这是拿着姐妹我的身家性命成全你们啊，这一对不要 face 的！

　　沈云之是真的喜欢施小蒙，小学三年级，我们都还整天玩过家家跳皮筋扮演白娘子的时候，沈云之就开始了他追求施小蒙的生活。施小蒙喜欢美少女战士的贴画，学校门口小卖铺里每周都会上新，沈云之就攒着一周的零花钱，全部给施小蒙买美少女战士的贴画。施小蒙喜欢唱歌，他就买漂亮的笔记本，工工整整地抄写了满满一本子歌词给施小蒙。夏天买可乐和果汁，冬天是烤地瓜、奶油瓜子和跳跳糖。

　　很多人曾经问沈云之，为什么这么喜欢施小蒙？

　　沈云之露出一副难道你是瞎子的表情，惊讶地说："你不觉得小蒙很可爱吗？你看她笑起来的小酒窝，多想让人睡在里面啊！"

　　当年我就觉得他这比喻有问题，谁家酒窝里睡人啊？但是，事实却证明，施小蒙很吃他这一套。

　　俩人真的就好上了，在小学三年级，然后便是一路直到高中。沈云之很高调地炫幸福，毕竟像他们这样，恋爱六七年还没分手的，简直就是我们青涩青春里的爱情样板书。

　　我和他们从初中分开班级，到了高中又被分到一班。没办法，小县城里人换来换去，总是那么几个，只不过这一次，他们的爱情迎来了人生第一次挑战。

高一摸底考试的时候，施小蒙考进了全高一年级前十名，沈云之当时排在一百多名开外。其实这个成绩在一千多人的地方应该算可以了，但是施小蒙的班主任却找到了沈云之，告诉他不要影响施小蒙同学的学习精力。

还没等沈云之做出反应，施小蒙就从办公室外冲了进来，一把拉起沈云之的手说道："我没觉得沈同学影响我，我觉得谈恋爱不是什么大不了的事，没必要这样。"

班主任当时就炸了，施小蒙也不甘示弱，顷刻就变身女战士，还是自带光环属性的那种，不管不顾地跟班主任辩论起来。在沈云之眼里，施小蒙维护自己的模样简直太帅了。但是为了不让她为难，作为一个男人，他才应该冲在前面。

于是，两个人都被华丽地请了家长，结果却让老师郁闷了。两边大人不仅没帮着老师，反而劝着老师不要管两个孩子的事，尤其是沈云之的妈妈，怎么看施小蒙怎么顺眼，恨不得现在就让他们俩去领结婚证。

无奈之下，班主任只好让俩人不要太过分，看着班主任挫败的眼神，沈云之突然发神经地说道："如果我能考进年级前一百名，是不是就不会阻拦我们在一起了？"

事后我问沈云之，为什么要这么说，高中进步一个名次都是要付出百倍努力才可以。

沈云之告诉我，他只想让全世界都知道，施小蒙是他的，他有资格跟她在一起！

十六岁那年我们会喜欢上很多人，但是少年沈云之却早已确定，他想和谁站在一起。

高三那年沈云之也跻身学霸行列，早恋并没有成为他学习的拖累，反而成为促成他越来越好的力量，因为他内心的小宇宙告诉自己，高考不比升高中，他要跟施小蒙去同一所大学，同一座城市。那个时候，每天要做的题目简直数都数不过来，他们俩只有在课间操的时候，才会匆匆见一面，交换一下日记本。

话痨沈云之自从不和施小蒙一个班以后，就发明了日记本沟通法。俩人每人一个日记本，上午交换一次，下午交换一次，晚自习交换一次。几年下来，光日记本就满满几个大箱子，真是羡煞我们一群单身狗。

高考倒计时一百多天的时候，施小蒙开始有些焦躁，沈云之索性拉着她去逃课，俩人骑着自行车，跑了三十多里买了俩西瓜，躲在树荫里随手敲开就吃。吃着吃着，施小蒙突然问沈云之，你想上什么大学？去北方还是南方？

沈云之有点儿蒙，不是说好要一起去厦大的吗？

施小蒙抹抹嘴，我不希望你一直跟着我跑，我觉得你应该有你自己的方向。

小蒙你怎么了？你才是我的方向啊！沈云之有点儿着急。

施小蒙没有再说话。俩人往回走的时候，沈云之就有点儿心不在焉，他觉得施小蒙突然这么说，肯定有问题。

可是到底哪里有问题，他又说不出来。

时间再一晃，高考结束，学校里狼藉一片，在漫天的书和作业本里，沈云飞牵着施小蒙的手，说会一直陪在她身边。

结果造化弄人，录取通知书下来了，沈云飞去了厦大，而施小蒙却被哈理工录取。这么惨绝人寰的人间悲剧，终于在两人之间上演了。

整个暑假，沈云飞都没有精神，反而施小蒙却很兴奋，最后沈云飞实在忍不住了，开口问道："你是不是故意地想要和我分开？才报了北方的学校？"

施小蒙一愣，缓缓说道："我怕你考不上厦大，索性少做了一道大题，谁知道，你居然超常发挥……"

这下沈云飞更郁闷了，早知道自己就不燃烧小宇宙了，现在不得不进行一场跨越南北的异地恋。

施小蒙去哈理工那天，她在机场大巴上坐着，沈云飞就一直守在窗户边，时不时上来嘱咐"每天都要打电话报平安""照顾好自己""不许看帅哥和肌肉男"。山东的天气，八月份的时候依旧很热，他站在太阳下一直没离开，直到大巴缓缓开启，直到她消失在自己的视线里。

自此，异地恋又拉开了序幕。

刚开始的时候，两人每天都用电话黏糊着，常常三天就能换一张长途电话卡。这个时候的聊天内容跟大多数异地情侣基本都差不多，无非就是吃了什么，遇到什么人，做了什么事，以及上课的老教授很搞笑之类的没有营养的对话。摸不到人，每天就不停说话，这样符合沈云之的话痨习性，常常是施小蒙这边都要熄灯了，他那里还没有念完一天记录的事情。

在这里就不得不提沈云之的记录本，每天都要带在身上，遇到好玩的事情都要记下来，晚上打电话的时候讲给施小蒙听，四年下来，这样的本子都可以出一本校园趣事大全了。有时候你必须得佩服，有心人身上迸发出来的那种力量，柔软而又坚韧。

毕竟是跨越了南北的异地恋，有时候施小蒙接不到电话，有时候沈云之不在宿舍，两个人也算多年养成的默契，反而不像那些小情侣一样又吵又闹，而是等对方有时间了再打电话。

沈云之曾经很骄傲地说："在这些事上，小蒙最让人喜欢，从来都无条件地相信自己。"

而在施小蒙眼里，相爱容易，相处太难，这么多年她已经知道对方是一个怎样的人，便没有理由再为这些鸡毛蒜皮的小事无事生非。

所以说，高智商、高情商的女人，往往很容易就能获得幸福，因为她们懂得，自己想要的是什么。

其实，也不是没有吵架。上了大学后的沈云之就像开了挂的超人，因为多年照顾施小蒙练就的暖男体质，让他吸粉不少。再加上学业上深受老师喜欢，别人看起来相当复杂的题目，被他分分钟轻而易举解开。到了后期，就直接跟着老师去研究课题，回宿舍的时间也越来越晚，因为太累，两人说的话也越来越少。

异地恋最可怕的地方，就是在两个人摸不到、看不到、抱不到的情况下，还丧失了沟通。施小蒙本来被沈云之宠得不像样子，最近更是因为沈云之不知不觉地冷漠攒着一把火，于是在N次没有找到人的电话后，女生脑海里的小剧场开始循环播放琼瑶剧，事情的后果就是两人开始无休止地争吵。

这在沈云之看来，简直就是莫名其妙，自己现在努力的每一天，都是为了娶她而做准备，为什么她还要这样不理解自己，无理取闹？

最严重的事终于发生了，沈云之跟小学妹一起从教授办公室出来，正好遇到摄影部的同学在找模特儿拍人物，顺手将二人在花树下相视一笑的瞬间拍了下来。更让人觉得命运诡异的是，这张照片居然还被选为学校花树节的宣传照。

这下可给沈云之捅了娄子，本来就因为生气而化身福尔摩斯的施小蒙，看到这张照片后，默默红了眼眶。

沈云之回到宿舍的时候，舍友告诉他，已经接到施小蒙三十多个电话了。他犹豫了一下回过去，俩人终于因为那张照片的事情吵了起来，事情的经过已经无法还原。但是一直忍让的沈云之终于被施小蒙一连串的疑问搞到崩溃，大吼道你既然觉得我有二心，那我就有二心了，行了吧！吵架气氛瞬间跌入冰点，施小蒙那边安静了几秒，然后用非常平静的语气说道："好，我知道了，那咱们就好聚好散吧，祝你幸福。"

施小蒙利索地挂断电话，哭成傻子。

异地恋给了彼此考验的机会，也给了彼此放空的空间，但是有时候，这样的机会和空间，却是一把锋利的刀，将两个相爱的人，伤得遍体鳞伤。

这件事的最后，结束在沈云之第二天下午风尘仆仆地站在施小蒙面前。他紧紧抱着施小蒙。他说："小蒙，我宁愿跟你冷战，跟你吵架，我都不会爱上别人，你要相信我。"

这次分开后，两个人直到考研都没有再发生过一次争吵。异地恋最不靠谱的就是两个人不能生活在一起，共享一个地理坐标，共享一份美食的喜悦，共享一个不好的心情。甚至两个人中有一个人在悄悄地改变，而另一个却浑然不知，所以终究会因为差得太远，跑得太快而失去对方。

而在这俩奇葩身上，却从来都没有出现过。他们每天用手机报早安，午安，晚安。用朋友圈分享心情，用照片分享美食，甚至用文字来分享每一天。两个相互鼓励的人，并没有因为异地恋而让这份感情变质。

沈云之和施小蒙两个人都考入了北京一所大学的研究生，顺利毕业的同时得到了满意的工作。就在今年的情人节，沈云之郑重地向施小蒙跪下求婚了，俩人毫不犹豫地去领了证，红底照片的两个人笑得格外欢乐。

沈云之说话算数，邀请我去参加他们的婚礼，并且担当证婚人。我从来没有如此期盼一场婚礼，如果用祝福的话堆满我都觉得不太够，只希望这对从小学就走到一起的夫妻，能有世界上最圆满最幸福的大结局，这也是异地恋过关后最好的奖励。

故事写出来的时候，婚礼还没有举行，我问施小蒙，还有什么话让我写一写。她笑着说："希望所有正在异地的恋人们，多一点勇敢，多一点信任。不要因为没有对方就觉得会失去半个世界，你要善待你自己，生活才会善待你。你优秀了，他才会更优秀，你们会为了未来更好地在一起而共同努力。"

简而言之，少作，多爱。

希望你们会成功！

因为爱情

所有爱情都长着同一个模样，或者幸福，或者悲伤。

夜色靡靡，车水马龙的街道上，霓虹灯闪烁着五颜六色的光芒，照亮这座城市的夜生活。有女子脸上化着精致的妆容，穿着高跟鞋趾高气扬地走在路上；有女子低眉顺眼，小家碧玉般地在路上悠闲地逛着；这个城市，最不缺乏的，便是形形色色的美女，美女于城市，是一道独特的风景线。

长江大道上，机动车路上依旧是堵车，一辆崭新别克车里，廖子凡抽着烟，慢悠悠地欣赏着来来往往的女子。忽然，他在人群里看到一道独特的风景，女子身穿五彩戏服，盘着戏饰，脸上用油彩化着精致绝美的容颜。这身打扮，与众人格格不入，却引得回头率无数，廖子凡也忍不住多看了几眼，想必定是有趣的女子。

收回目光，廖子凡忍不住看看手机屏幕，老板刚刚在微信上通知他明天要和开发商会面，想起开发商，他就一阵头疼。

刚刚陷入沉思的廖子凡，忽然被一阵砰砰砰的声音打断了思路。抬起头，却看见那个穿着戏服的女子不知道什么时候站到了自己的车前。

"小姐这身装扮可真是别具一格，独具匠心啊！"廖子凡忍不住开口笑道，路边被人搭讪，已经司空见惯了。

"请问现在几点了？"女子的声音温婉动听。

"八点十五分。"廖子凡看了一眼手表，回答她："要不要我送你一程？"

女子微微一笑，脸上的油彩顿时生动起来，想来油彩下定是一张清丽的面容，只听她开口道："奴家家住丰都鬼城，公子若有意，择日定娶吧。"说完，幽幽地转身，向夜色深处走去。

廖子凡好笑地看着女子的背影，一定是城市里的年轻人，参加化装舞会刚刚出来。这年头，只有你想不到的，没有他们做不到的。

事情就这么过去了，廖子凡也只当这是生活中的一个小插曲，毫不在意。继续奋斗在工作和相亲中，工作是必需品，相亲是父母下的任务。

A城是个大都市，萍水相逢过的人，能够再遇见，概率基本跟买刮刮乐中第一名没啥区别。

可是该遇见的人，终究会再见。

廖子凡加班到半夜回家，在小区门口碰见了一个姑娘，一个人蹲在地上，肩膀微微颤抖。廖子凡停下车，走过去用手轻轻点了点她的肩膀，问她怎么了。姑娘慢慢抬起头，暗淡的目光一点点明亮起来，很是惊讶。

　　"居然是你？"

　　我？廖子凡记不清自己什么时候见过这个女孩子，难道是相亲的时候遇到的，这就有点尴尬了。

　　姑娘咧嘴一笑："奴家家住丰都鬼城，公子若有意，择日定娶吧。"

　　这下廖子凡记起来了，原来是她，想不到那油彩下面，居然真的是一张漂亮的脸庞。廖子凡看着她还挂着泪珠的笑脸，第一次觉得居然有姑娘能哭着笑，还那么好看。

　　"大半夜的，你怎么一个人在这里，怎么了？"廖子凡问道。

　　"没事，迷路了，我能借住你家一晚吗？"姑娘抬起头，像小猫似的眨巴着眼睛，可怜巴巴地看着廖子凡。

　　廖子凡的心微微一动，理智告诉他，这样只见过一面的女孩子，随便住进自己家不太靠谱，但是他却听到自己说："走吧，我家就在这个小区。"

　　路上，廖子凡知道了姑娘叫苏禾，今年二十六岁，其他的苏禾没说，廖子凡也没有问。这个城市里有太多人，每个人都有自己的秘密，有时候看破不说破，也是一种美德。

苏禾住在了廖子凡家的客房里，这是一个很干净的家，家具摆设都很简洁实用，让人一眼就能看出主人非常地有品位。苏禾关上卧室门的时候，还在想，他会不会半夜闯进来？可是她是真的累了，洗刷完躺在床上，就昏昏沉沉地睡了过去。

这一觉，就到了天亮。

廖子凡已经去上班，餐桌上摆着面包、牛奶、鸡蛋和便签，便签下面压着五百块钱。廖子凡说，让苏禾打车回家，好好整理心情，人生没有过不去的火焰山！

苏禾看着便签、早餐和钱，眼泪又开始打转转，是有多久，没有人这么关心过自己了呢。正想着，门外突然想起钥匙声，门被打开了，一位衣着朴素的中年妇女，提着保温盒出现在门口。看到苏禾后，俩人均是一愣。

随即中年妇女笑了起来："我是子凡的妈妈，想给他送点吃的，没想到家里有人，真不好意思。"

苏禾一听是廖子凡的母亲，连忙阿姨长阿姨短地招呼起来。廖妈妈顿时喜笑颜开，一直担心这臭小子找不到合适的对象，原来是早就金屋藏娇，要不是自己心血来潮给他送东西，还真不知道。

想到这里，廖妈妈便旁敲侧击地问苏禾，多大了？是哪里人啊？在哪里工作？苏禾一一回答，在听到苏禾说自己是幼儿园老师的时候，笑得更灿烂了。幼儿园老师好啊，有爱心，有耐心，还会教育孩子，想到这里，廖妈妈越看苏禾越满意。

临走，廖妈妈掏出手机，非要跟苏禾加个微信好友，还告诉苏禾，如果廖子凡敢欺负她，就告诉廖妈妈，她帮苏禾出气！

这下苏禾终于明白了，这老太太是把自己当成她儿子的女朋友了。正准备解释，却听到微信那边叮咚一声，廖妈妈笑呵呵地说："小苏啊，头回见面，阿姨来得太匆忙没啥礼物送给你，这两千块钱，你拿着去买点自己喜欢的东西。"

这下，苏禾更是尴尬了。送走了廖妈妈，她觉得这事得和廖子凡说一下，可是却发现自己压根就没有廖子凡的联系方式，只能用最笨的方法，坐在家里等。

不知道是不是心有灵犀，廖子凡破天荒五点下班就回家。苏禾已经做好了一桌子菜在等他，见他回家，连忙接过他的包和外套，递给他一杯柠檬水。一切自然得就好像两个人已经生活了很多年一样，廖子凡有片刻的怔忪，随即问她："你怎么没回去？"

苏禾叹了一口气，把今天廖妈妈来的经过完完整整地叙述了一遍，最后把手机递过去："加个好友，这钱我不能要。"

廖子凡笑了，苏禾突然发现他不笑的时候很古板，但是笑起来居然有点孩子气。接着便听到他说："这钱我可不能要，我妈是给她儿媳妇的。"

苏禾的脸一下子红了，真正说起来，他们两个才接触不到二十四小时。

廖子凡看她脸红，也不好再打趣，便笑着说："你先拿着吧，就当我存在你那里的，我妈这个人死心眼，我要跟她解释，指不定又要怎样，就当我换个清静。"

苏禾无奈，只好作罢，吃过晚饭，苏禾便要回去了，幼儿园给了她两天假，再不上班，她这个月全勤就没有了。

分开后的两个人，各自回到了各自的轨道上，认真生活，努力工作。偶尔的时候廖子凡会在朋友圈看到苏禾跟小朋友们的笑脸，有时候是一通乱七八糟的抱怨，更多的时候，是她明媚的笑脸。不知道为什么，廖子凡看见她笑，总会想起遇到她的那个晚上，她孤单单的一个人，走在人潮人海的马路上。

有缘的人自会相逢，再遇到廖子凡，是在一家酒吧。苏禾被几个朋友拽着去泡吧，还没等苏禾坐稳，便一眼看到了角落里独自喝酒的廖子凡。他没穿西装，反而将休闲服穿出了一种别样的味道，一双深邃的眼睛死死盯着不远处一对正在热吻的男女。直觉告诉苏禾，这肯定又是狗血的三角恋。叹了口气，谁让他帮过自己一次，端了杯啤酒就走了过去，一屁股坐在廖子凡对面。

廖子凡视线受阻，刚想发作，却看清来人是苏禾。苏禾穿着金色小掉带，热裤下一双美腿格外修长，眼看廖子凡要发火，一把抓住他的手："子凡，冲动是魔鬼。"

廖子凡眼睛里的火苗闪了闪，端起杯子，一口气喝了下去。

这一夜，换成苏禾把醉得不省人事的廖子凡送回家。喝醉了的人，通常特别重，一米六五的苏禾扛着一米八五的廖子凡，简直要压垮了老腰。把廖子凡安顿好之后，苏禾直接躺在沙发上睡了一夜。

第二天，苏禾在厨房准备早餐，廖子凡起来的时候才回忆起昨天晚上的狼狈。他靠在厨房门口看苏禾扎着自己的围裙，在煤气灶和冰箱之间团团转，不好意思地说谢谢。苏禾端起两份茄子焖锅面，笑嘻嘻地说："你帮过我一次，我帮你一次，我们扯平了。"

喝着热乎乎的面条，廖子凡的心里不是不感动，昨天晚上那个女子是自己的前女友，分手的原因是因为廖子凡太穷了，给不起她想要的一切。和廖子凡分手后，她火速勾搭上了一个款爷，不知道为什么，只要廖子凡看见他们，就觉得自己的感情喂了狗，有一种赤裸裸的羞耻感。可是苏禾却让他觉得，再相信一次感情，又怎样？

有时候，打动人心的往往不是惊天动地的大事，就是因为微不足道的小事，就攻陷了一个人。苏禾用一碗茄子面，攻陷了廖子凡的城池。

吃过饭，廖子凡没有去上班，他窝在沙发上看书，苏禾走过来给他一杯柠檬水，笑嘻嘻地说："你昨天晚上真可怜，不就一个女人吗？不是所有女人都喜欢钱的！你要放宽心，勇敢朝前看，光明的未来在等待！乖！"

廖子凡被她的一声"乖"逗笑了，他定定地看着苏禾，苏禾有一双好看的眼睛，很勾人。看着看着，他忍不住凑过去，苏禾有些紧张，犹豫了一下，闭上了眼睛。

廖子凡搂着苏禾："我妈都提前给了儿媳妇见面礼，我觉得，咱们不如就凑合凑合吧！"

苏禾撇撇嘴："还凑合凑合，就跟你受了多大委屈一样。"

廖子凡连忙求饶，说自己嘴笨说错了话。于是苏禾就搬了过来跟廖子凡住在一起，每天早上苏禾都会准备好早餐，中午的时候两个人互相在微信上晒午餐，一起甜蜜蜜地共享，晚上廖子凡会来幼儿园接苏禾回家，两人有时候会去超市买菜，有时候去路边摊，有时候索性就跑去朋友家蹭吃蹭喝。

廖子凡和苏禾的幸福来得很快，但是偶尔命运也会来一场小小的恶作剧。遇见前男友那天，苏禾正牵着廖子凡的手在江边轧马路，她叽叽喳喳兴奋地跟廖子凡说白天幼儿园里小朋友的开心事。

突然听到身后有人喊她的名字："苏苏，真的是你？"回过头，一个瘦弱的男生站在俩人背后，脸上带着一脸的不可思议。

苏禾的脸瞬间就变了，廖子凡看到俩人的表情，心里有了结论，当下将苏禾揽住："你好，我是苏禾的男朋友，廖子凡。"

男孩冷笑一声："怪不得连手机都换了号，原来是傍上了大款，不想要小河里的小鱼小虾了。"

苏禾脸色激变，刚想开口辩驳，却听身旁廖子凡说道："能被苏苏傍是我的荣幸。"

一瞬间，男孩变了脸，苏禾的眼泪簌簌落了下来，有什么话能比身边人的理解更贴心呢。没有丝毫的质疑，没有丝毫的疑问，就这样坚定地站在自己这边。廖子凡此刻，就是苏禾心中的盖世英雄，孙悟空，超人，钢铁侠！

回家的路上，苏禾跟廖子凡讲了自己和男孩之间的过往。苏禾以前有个谈了三年的男朋友，属于典型的文艺男青年，喜欢听京剧，喜欢背着包到处跑，还喜欢拈花惹草。为此，苏禾跟化闹了不止一次两次，最后，男朋友跟她说，你让我出国学习一段时间吧，回来咱们就结婚！

苏禾信了，拿出准备付首付的二十万，让他出国。她觉得自己是在投资，身边的很多朋友都劝她不要这么死心塌地，当心被人骗。可是苏禾说，他保证了，就不会再骗她。

苏禾攒钱供他去听戏，供他去旅行，自己舍不得吃舍不得喝，甚至都舍不得坐公交车。没谈恋爱以前，她花钱消费从来都是凭心情，谈了恋爱后，她的世界就变成了节约是唯一的任务。

最后一次见男朋友，是她下班路过一间高逼格的餐厅，却看见自己的男朋友跟着一个女生在靠窗的位子上吃饭。她默默拨通男朋友的电话，听嘟嘟声她确认，跟自己说出国学习的男朋友已经回国了，更过分的是他居然还在接通了自己电话后跟自己说他刚下飞机。这简直和电视剧的桥段一模一样，但是她没有捂嘴跑掉，而是大大方方进了餐厅，笑意盈盈在他们旁边的位置上坐下。男朋友看见她，脸瞬间变了颜色，一句话也不敢说。

再后来，她含着泪点了最贵的一份套餐，认认真真地吃饭，像是告诉服务生又像是告诉自己："人这一辈子，一定要好好对自己，千万别捧着一颗热心去贴别人的冷屁股。"

旁边女生撒娇似的喊男朋友离开，她没有追出去，看着俩人离去的背影，她的眼泪一下子就出来了。

人至贱则无敌，无敌是多么地寂寞！苏禾一个人在马路上一边哭一边笑，哭自己瞎了眼看错人，笑命运待自己不薄，幸好没结婚。

可是哭着笑着，她发现自己迷了路，城市太大，她都没有时间好好走完，误打误撞地走到一个小区门口，却已经累得走不动了。

于是，廖子凡出现了。

这世间的所有际遇，都是上天的最好的安排。他让最无助的苏禾，遇到了如同身披铠甲的廖子凡。

说到最后，廖子凡说："我应该感谢他的无情无义，才让我能遇到一个无助的你，才让我拥有一个独一无二的你。"

故事的最后，苏禾怀孕了，廖妈妈催着廖子凡准备婚礼。苏禾在大家的祝福中，披上红嫁衣，喜气洋洋地嫁给了廖子凡。

我们始终要相信，每个人都会遇到属于自己的爱情。也许你现在正经历着悲伤、失恋、痛苦，但是我们一定要相信命运，他想要把最好的给你，那些不好的事情，终有一天，会过去。

希望我们，都能勇敢地面对挫折和失败，你的幸福，就在来的路上。

爱你七个半小时

梦里出现的人，醒来时就该去见他，生活就是那么简单。

孟嘉赶到车站的时候，小米正蹲在地上系鞋带。他晃晃悠悠地从车站熙熙攘攘的人群里走了过来，一眼便看见了那个像斑马一样穿着条纹上衣的女生，随便把白色的手提包毫不顾忌地放在身边。

"我说周小米同志，你还真不怕被偷啊！"孟嘉熟悉的声音在背后响起，小米吓了一跳，下意识里，去摸包，瘟神驾到今天要格外小心才是，随即站起来冲他展颜一笑。

孟嘉把她的包顺手提了起来，另一只手飞快地伸了过去捏她的脸："哎哟，一年没见你怎么还是这么圆啊！"

小米瞪大眼睛仰头看他，一年没见，他似乎又长高了，变了好多，虽然还是那双爱笑的眼睛，可里面似乎装了些什么东西。那是什么东西？难不成这货恋爱了？

唉，想想也算了，他恋爱了，与小米又有什么关系？这么多年他身边的莺莺燕燕还少吗？不过似乎也没见几个长留在身边的。不过就算这样，估计自己也是挨不上边排不上号的那个。

唉，其实想归想，小米与孟嘉这段单方面的感情，才是真正地苦巴巴的。

首先这一年多的经历，恐怕不是自己能想象到的。虽然很久以前就觉得两个人之间隔着海般宽阔的距离。可现在，如此地接近，小米依旧觉得，他和她之间，还是隔了整个海洋。就算这样，她还是无可救药地喜欢他，偷偷地喜欢他。她从来没有想过，自己会在二十几岁的年龄还会心动，她以为她已经过了暗恋一个人的年龄。

可他，是她的劫数，还是万劫难复的那种。

她没有告诉他自己的心意，因为她清楚地知道，他与她终究是两条路上的人。无论曾经有过怎样的交集，最终会变成路人甲和路人乙。她只想这样偷偷地将这份感情放在心里，做他生命里那个最独一无二的朋友。

"喂喂喂，想什么呢？"孟嘉伸出手在小米的眼前晃了晃，"难得你来趟济南，今天就不要回去了吧！"

小米吓了一跳，随即大声说道："不行不行，我今天要回去，明天要同学聚会。"

"你就是个事精！我告诉你，早知道就不让你来了，你看看，就算坐最晚的一班车回去，你也只能在济南待七个半小时！能玩什么啊！真没劲！"孟嘉伸出手指头点点小米的脑门，小米皱着眉头看他，表情搞笑极了。

"我上车了同学才打电话啊！又不是我自己安排的！说，今天要带我去哪里玩？"小米抓过包包，恨恨地说。

孟嘉好笑又好气地看着她，又把她挎在肩膀上的包提到了自己手里。暧昧，暧昧，关心是毒药啊，小米，请干了这一杯，然后，去死吧。

孟嘉啊孟嘉，你可知道，你这样微不足道的一个动作，都足以让小米恨不得像飞蛾扑火一样不死不休。正在小米文艺情绪泛滥的时候，便听到孟嘉在大声地抱怨："周小米，你是不是知道我会帮你提包，故意放那么多东西啊！你自己背着不怕沉啊！"

小米咧嘴一乐："早知道你帮忙提，我就应该用报纸包两块砖头放里面，等我走的时候再拿出来！我累死你！"

"你真恶毒！"孟嘉伸手抓住小米的肩膀，将她拖着向外走："走吧，走吧，让我带你去体验一下济南最快的公交车！不如，我们来个公交车一日游吧！"

"什么济南最快的公交车！不就是 BRT 吗？"小米跌跌撞撞地跟在他的身后，大声嚷嚷。

"哎哟！厉害！这你都知道！"

"废话。丫又不傻！"

现在是北京时间上午九点三十分，济南的天空一片阴霾。可是小米的心里却像吃了蜜糖一样，两只眼睛所到之处，焦点全在他的身上。据当时的身体报告来着，小米的心跳曾一度跳到一分钟一百八十下，小米觉得自己要升仙，跟暗恋对象一起在大街上溜达果然有生命危险。如果能够无所顾忌地跟孟嘉在一起，哪怕仅有这短短的七个半小时，小米也愿意。

回想起，周小米第一次调戏到孟嘉，是在大三的公共课上。

孟嘉穿着白色T恤，坐在讲台正中间，当时他认真听课的样子特别像漫画书里走出来的阳光少年。小米也正处在花痴年龄的节骨眼上，让她实在忍不住，凑过去跟孟嘉说："嘿，少年，你认真听课的样子真叫哀家喜欢。"

孟嘉愣了愣，随即缓缓说道："这位女同学，你表白的方式真的与众不同，先让我做份卷子冷静一下。"

周小米一愣，差点笑喷："这位兄台，你的幽默还真是不输于我！做份卷子冷静一下？真是古往今来第一人。"自此，学渣周小米便和学霸孟嘉认识了。

但是，一声叹息，两个人的相识路子不对，本来好好的男女朋友关系，却因为双方聊得开，聊得来，吃得到一块，睡得到一起，而生生地处成了兄弟。兄弟！周小米一想到这里，心就在滴血，一滴一滴的，就再没停过。

十月份的济南，天气还微微地热。公园湖水，清又清……孟嘉找了一个风景绝佳，还很阴凉的地方留下了脚步。

周小米跟在后面琢磨，这说好了要济南一日游的，怎么变套路了。对于复杂的问题，小米是一向懒得动脑，随即回问到孟嘉："你是傻还是故意的，明明天又不热，还找个这通风地儿，再说，你这是要坐在这里吗？我们不是要去逛济南的各大景点吗？什么大明湖、大观园、趵突泉，还有……"

周小米正说呢，惊见孟嘉从包里提出了十罐啤酒。哇，这路子对了。当初最喜欢的事，就是和孟嘉喝啤酒。可是，公园里这样不太好吧？

正想着，他这包里最大件的东西登场了，折叠帐篷。周小米哈哈大笑："刚才我还在想，你背这么大的包出门，是不是把所有家当都背出来了，原来还留着这手呢，不错，不错，深得我心。"

孟嘉算是狠狠地白了周小米一眼，恨道："就知道看着？帮忙铺啊！"

于是周小米和孟嘉，折腾了快一个小时，总算弄好了。两个人钻到帐篷里，门一拉。提开酒盖，开喝。

周小米酒量没有孟嘉好，一罐子下去，见醉了，指着地上放着的下酒小零食，便说道："一年多了，你还记得我爱吃这些东西啊？"

孟嘉一拍周小米的脑袋："以前上学那会儿，是谁总安排我给你买零食，然后，再趁机抄我的作业来着？"

周小米想了半天，然后，"嘿嘿嘿"地笑了："是我吗？"

孟嘉指着她："这是真糊涂还是假糊涂？你就说说你以前干过的那些坏事，哪一件能让我忘的？"

周小米啜了一口啤酒，问道："胡说，我这么好的人，能干坏事？"

周小米干的坏事，简直数不胜数。课程设计那几天，所有人都忙得昏天暗地，对设计完全不感冒的周小米也不例外，只是脑子实在是不通路，只能日日熬夜。有一天深夜，孟嘉睡得正香，突然电话响了，迷迷糊糊地他接通电话，对方那边穿来阴森森的问句："孟嘉，你睡了吗？"

孟嘉迷迷糊糊回答："这么晚了谁不睡觉，谁啊？"

只听对面一阵怒吼："孟嘉，你这个没良心的，你倒是睡得舒服，老娘我还在搞设计！"

说完挂断电话，留下孟嘉一个人在风中凌乱。

这还不算，那次是大二那年，周小米集结了十来号人在校园外面打架。让人觉得奇葩的是，前脚还在和孟嘉吃饭，后腿一抹嘴巴上的油，出了校门，就拉着姐妹开始打架。结果硬生生给人打伤了几个，还进了派出所。

而她自己也好不到哪里去，被孟嘉接出来时，鼻青脸肿像猪头一样。

当时孟嘉还不明白为什么周小米去打架，听她说是因为那边的女生说了她不乐意听的话。孟嘉还在派出所就恨铁不成钢地批斗她一顿，可是这傻丫头只会捂着脑袋装头疼。

结果第二天那个说坏话的女生来道歉，找的不是周小米，而是孟嘉。

说到这，孟嘉特意看了一眼周小米，又再一次数落起她来："你说当年你也是的，不就几句话的事吗，说我有爹生没娘养就说去喽。这么多年我都这样过来了，再说，人家也说的是事实啊，我到现在也不知道我妈在哪，有什么的啊？"

周小米又喝了一口酒，连连摆手："不能这么说，不能这么说，你是我兄弟，我怎么可以让别人这么说我兄弟呢？对吧。敢说我兄弟一个字不好！丫就和她拼命去。"

孟嘉摇摇头："然后呢？自己进了派出所。被学校记了大过。值得吗？"

周小米哈哈一笑，点头："值！"

孟嘉举起啤酒，小米笑嘻嘻地碰瓶："干了！"半罐啤酒进肚子，听着孟嘉继续说，她做的那些坏事。

有一次，最典型的，这事让孟嘉到现在为止都想把她拧成麻花的冲动。

那年开新年会，在学校的大礼堂，表演当天。她们表演古代剧的女主角出了点儿意外，换人了，周小米临时上阵，还没有告诉孟嘉。孟嘉当天只是觉得这背影比彩排时还好看，长发齐腰，一身白衣迤逦而行，一把油纸伞下，侧颜秀丽。按着台词孟嘉是应该叫住她，走过去，并问她："敢问小姐，可知附近有无能歇脚的客栈？"

而女主角需要停住脚步轻轻告诉他："方圆十里，再无客栈，不过家有小舍可供公子留宿一夜。"

可哪知，这对于周小米来说是没有彩排的。

众目睽睽下，孟嘉叫住了周小米，走过去，还没等说台词呢，只见周小米转身就把孟嘉抱住了，一脸花痴地问他："公子是不是要找客栈，这里方圆十里再无客栈，不过公子可以去我家。"

孟嘉一脸惊相，张了半天嘴，台词都忘了，下意识地回了一句："啊！"

场下人同学都笑了，有的拍着大腿，笑得眼泪都出了来。

…………

孟嘉坐在帐篷里一边喝酒说完这件事的时候，周小米已经三瓶进肚。酒壮妖人胆，周小米起身一下子扑进了孟嘉的怀里，来了个搂脖杀："公子，你喜欢本小姐吗？"

孟嘉的眼神腾起了深深的湿雾，轻声说："小米，你喝多了。"但是他并没有推开她，反而任由她就这样抱着。

周小米眨巴眨巴眼睛，又问他："公子，那你喜欢过本小姐吗？我就问你最后一次，最后一次！"

孟嘉没有说话，反倒将眼睛看向别处。直到周小米彻底醉过去了，搂着脖子的手臂垂下，趴在孟嘉的背上呼呼大睡了起来。

孟嘉把周小米轻轻地从背上小心地抱了下来，轻轻地，轻轻地，在她的额头上吻了一下，许久才移开。

周小米与孟嘉，从第一次见面，她便对自己非常非常好。只不过那时他从来不承认喜欢着谁，包括周小米，很多时候，周小米都试探着问他，有没有对她动心。他都会推着她的头说句，你是不是脑子坏掉了。

但是，自己毕业以后，和她真正地分开两地而居，才开始知道，她对于他自己，究竟是一个怎么样的存在。

一句话，一个件事，甚至一个梦境，满满的都是她。孟嘉很后悔当初为什么会那么固执并且倔强地回答着她，就算是那种答案对于她来说，是多么地残酷。以至，这样的答案在周小米的心里根深蒂固，即使她再敢问是不是喜欢她，他的回答都可能被当成是一种玩笑。而这样的玩笑，如今也没有再开了。

周小米醉了，躺在帐篷里睡着了。孟嘉坐在一旁，安静地陪着她看着时间一分一分地流逝。嗯。今夜，也许他并不想让周小米走。也许，他想留住她，给她时间，也给自己时间去向她表白。

然而太阳落下山去，周小米还是醒了，伸了伸懒腰，又扭了扭脖子，看下时间，表情一惊："我的天，我怎么睡了这么久？"

孟嘉明显觉得这三大罐酒，应该会让周小米睡到半夜，哪知，她会那么早就醒了。所以愣了愣，目光里的温柔忽然如水般倾泻，他低下头看着小米，有点难舍："天都这么晚了，你真的要走吗？如果我非不让你走呢？"

　　他以为周小米会答应再多留一晚，不会走，哪知，还是想错了。

　　周小米看着他的眼睛，仿佛整个人都陷进了那双眸子里，愣了半晌："我今天一定要赶回去……"

　　"好了好了，我知道了，你个事精！肯定又有一大堆的闲事等着你，我说你那些朋友少了你不行啊！"

　　孟嘉清了清嗓子，这辈子害苦了他的自尊心又再一次高高地筑了起来。佯装说得很不在意，又开始数落起了周小米。

　　周小米起身帮孟嘉把帐篷收了起来，便要和他道别："我得走了，你以后一个人在这个城市里要照顾好自己。"

　　"你不来了吗？真是。"孟嘉拍拍周小米的肩膀，大步向前走去："现在说走还早，怎么样，我也得把你送到车站再说。"

　　周小米定定地看着他的背影，险些落下泪来。孟嘉，你可知，今日一别，再见已无期。周小米死死地把兜里飞往洛杉矶的机票捏在手心里，不想把这种残酷抛给他。就算骗他也好，此刻，有孟嘉在，她便觉得生命万分美好，世界无比美妙。哪怕她已心知，在未来的日子里无法预知的命运，无法再与你并肩，无法和你同携白首。但，此刻，周小米的身边有孟嘉，心中有孟嘉，每一寸的光阴都是天赐。

不计流年错失，得过且过。

哪怕，这只是今生唯一的一天。

在心里，也是永远。

夜色渐渐笼罩整个城市，车窗外明明灭灭的灯光一闪而过，周小米在玻璃微弱的反光里看见自己微笑的脸。爱是每个人命中注定的劫数，不管如何遭遇如何继续如何结局，都是一种幸福。

再见，孟嘉。

因为懂得，所以慈悲

有些故事，只能说给，懂得人听。

时间刚好，钟表上的指针稳稳地落在了凌晨这一刻。

而我像往常一般，戴上了耳机，调试着面前的麦克风，用自以为低沉磁性的嗓音，说出了第一句话。

"各位听众，晚上好，感谢准时收听由梦醒电台提供的迷离之都频道，我是你们的老朋友，阿玄。"

人们常说，在一种行业里待久了，有些思想和意识，也就会慢慢融入自我的生活中，连平常的说话方式也会发生改变。身为电台主持人，自然也在所难免。

这么久以来，我像品酒一样，沉醉于所有听众寄来的故事当中，甚至在撰写稿件的时候，一次次不由自主地落下眼泪。或许是因为那些执手不离的爱情而欣慰；或许是因为离别散去的结局而感到悲伤。总之此时此刻，早已麻木的双手像台机器一般，翻开了这一次的档期稿件。

"关于感情，这个世界上存在的最大误区，其实并不是爱与不爱，而是以自己的方式选择去爱一个人。正因如此，它所欠缺的，比爱情还要弥足珍贵的便是懂得。"

就像几年前，在人来人往的广场上，楚浩遇见了一位叫作林婧的女孩。

在当时，楚浩只有二十多岁的年纪，并且是一名优秀的公安警察。

有人说他是一个傻小子，不懂得变通，只知道没日没夜地奔波于工作当中，但他从不否认，也不刻意掩饰，依旧乐此不疲般试图侦破所有的案件。如果一个有心人，肯定会发现好像这座城市里大大小小的案发现场，总会有那么一个消瘦的身影，徘徊在其中。

其实楚浩的想法，非常简单，他觉得不管任何人，任何事，只要认真去对待就可以让自己问心无愧。

包括爱情。

然而林婧，是一个性格任性却又有一丝公主病的女孩。也许是家庭环境的原因，富裕的生活造就了她的这种性格，但为人开朗，长相出众，属于放在人群中，就能被人第一眼瞧见的女孩。这样一个人，往往在她的交际圈有着许多的追求者。

有人说，世界上所有的相遇都是过分的巧合，但又说不出的简单，甚至让人觉得像是上天的刻意安排。

就像楚浩与林婧一样，看似永远不会相遇，不会产生任何交集的两个人，却偏偏在一次阳光刺眼的夏天，说出了第一句话。

　　那一次，风很大，吹起了一片又一片的槐花，像是下了雨般飞扬于空中。林婧穿着一件碎花短裙和几个同伴嬉闹间穿梭在广场之上。

　　然而令人意想不到的是，广场上一块大型的广告板，也许是时间久的原因，随着一阵风，直直地掉落了下来。几乎在同时，周围所有人都跑开了，唯独吓得有些愣神的林婧，眼神充满恐惧般望着眼前逐渐放大的物体。

　　很快，一声巨响，狠狠地砸在了广场的地面上，声音传出好远好远。就在所有人为林婧感到惋惜，为一场生命瞬间失去而感到悲痛时，却不知在溅起的尘雾中，一个消瘦的身影紧紧地将她抱在了怀中，横躺在距离广告板只有十几厘米的地方。

　　"你没事吧？"这是楚浩对林婧说出的第一句话，但看着面前因为惊吓，早已经梨花带雨的林婧，他苦笑着摇了摇头，便将她抱出了尘雾。

　　就是这般，每个人因为相遇，才会拥有故事，爱情的源头也始于最初的那一刻。

　　往后的日子里，楚浩和林婧的熟悉，开始于每一天的信息聊天。他们无话不说，彼此了解，甚至只要两个人一有时间，就会出门吃饭逛街，毕竟不管他们用怎样的方式存活于这座喧闹的城市中，可在相遇之前，他们都曾是一个人。

那段时间，他们像极了大众情侣，开始了整套恋爱的过程。直到后来，楚浩和林婧依旧不知道怎样去描述当时的心情，更说不出是怎样的一种原因，而选择和对方牵了手。

两个人沉溺在幸福所带来的微妙感觉里，只是他们忘记了，甜美的爱情下，往往是刺痛的磨合与忍受。

因为这个世界上不存在完美无缺的爱情，虽然我们都曾期望过。

依稀记得，楚浩与林婧的第一次吵架，是在凌晨两点以后的大街上。周身空旷的视野下，有的只是月光和夜风。

一开始，林婧告诉楚浩，晚上要和几个朋友聚会，让他安心工作，并且保证会早点回家，毕竟有着职业病的楚浩，很在乎林婧的个人安全，尤其是当她一个人走夜路时。

可时间到了后半夜，眼看着林婧依旧没有到家的消息。他如同热锅上的蚂蚁，有些焦急不安。

无数次地拨打手机，却始终是无人接听。一股未知的心理在脑海中不断作祟，直到凌晨两点后，一个陌生的号码撞进了他的眼。

"喂？你好。"

"你就是楚浩吧？她喝多了，你来接她吧。"

通话的另一边，是一个男人，口气中带有一丝敌意。然而楚浩并没有多说什么，只是询问了地点，便换下警服，开车去了靠近市中心的一家夜店。

再见到林婧时，她已经醉得不成样子，整个人靠在陌生男人的肩膀上，像一摊烂泥，而周围都是些花枝招展的女孩。

看着面前的这些人，有那么一瞬间，楚浩的心，比一阵又一阵的夜风还要冷。

楚浩接过林婧，道了声谢，临走时还依稀听到那群人口中刺耳的碎语。

他先是开车去了趟便利店，买了些解酒的茶水，小心翼翼地喂她喝下。然后一个人靠在车上，点起了烟。

也不知道睡了多久，林婧因为口渴难受地睁开了双眼，她本以为会是睡在一张舒服的大床上，却没想自己会躺在车里，她非常惊讶，尤其当她看见楚浩时。

"你怎么在这？"

"接你回家。"

"有水吗？我好渴。"

他随手从车里拿了一瓶水递给了她，看着她一口气喝完，并将瓶子扔出了车窗外。

"什么时候开始的？"楚浩从林婧的身上收回目光，不去看她，而是自顾自地抽着烟，他像是在等林婧给他一个合理的解释。

林婧不解，她不明白楚浩为什么突然间变得莫名其妙。

"你难道不知道吸食那玩意儿会害死人。"

林婧轻笑，看着一脸愤怒的楚浩，她的眼神第一次闪出不屑的目光。她拿起包，打开了车门，一个人径直地朝着车后方走去。

看着这条渐行渐远的背影，楚浩心里一阵心酸。他追了上去，并抓住她的手腕。

"戒了吧，好吗？"

"你以为你是谁？你凭什么来管我。"

她厌恶地看着他，试图用尽所有力气，只为挣开他的手。

这是他们第一次吵架，也正是从楚浩发现林婧吸食毒品的这一晚，往后的生活，却再也没有见到她，像是在人间蒸发了一样，断掉所有联系。

一场爱情在拥有时，令人觉得意外；失去时，却也那般地突如其来。只是爱情并非玩笑，你可以朝我任性，但请不要在感情上肆意妄为。因为每个人的心都是肉长的，会疼。

林婧的离开，楚浩选择了默默承受，仿佛之前有过的一切都如同虚幻的梦境。他开始放慢自己的生活节奏，用了很长一段时间，走过了一处又一处曾经留下彼此足迹的地方。甚至，他盼望着有一天她能够回来，毕竟，他所在乎的是她这个人，而非其他。

两年后，她回来了，没有任何征兆，那般地悄无声息。

那天晚上，窗外下着雨，林婧哭着打了电话给楚浩，她说好想他，说在这两年的时间里，虽然跟别的男人在一起交往，却始终放不下他。楚浩笑了，毕竟这两年，他也不好受，他用忙碌的生活方式，让自己不会胡思乱想。

两年后，他们再一次见面，约在了靠近河畔边的一家咖啡厅，柔和的音乐，温暖的灯光。楚浩看着林婧，眼泪不由自主地流了下来。两年的时间，并没有在林婧的身上发生太多的变化，只是她戒了毒品，性格变得敏感许多。

林婧握住楚浩的手，说我们能不能继续在一起？想和他有一个彼此的家，楚浩笑着点了点头。

他选择同意。

一切关于爱情的东西，皆是建立于信任之上，也正是因为信任的原因，才会无形中去与其接触，信任让感情越加浓烈，成为彼此的依靠，成为托付一生的承诺。

可是，如果从最初，这所谓的感情，就没有信任可言，充满了质疑与欺骗，这该是多么可悲的一件事。这不是深爱如斯，也不是上天给予的玩笑，而是从最开始，就成了最廉价的感情，从不会被珍惜。

　　重归于好的楚浩与林婧，再一次上演了当初的甜蜜时光，只不过，偶然一次机会，楚浩看了林婧的手机相册。他发现其中一个照片，像是他曾经见过的某个男人。

　　他问林婧，这是谁？

　　林婧笑了笑，轻轻地挽住楚浩的手臂说道："离开你之后，我就是跟他交往的。"

　　楚浩点点头，并没有往心里去。只是用手抬起了林婧的下巴，深深地吻了上去，说了一句我爱你。

　　几天后，楚浩因工作需要出差去了别的城市，临走时留给林婧一张存款（面额）五万元的银行卡，他告诉林婧，不知道要在外面待多久，让她要照顾好自己。就这样他走的时候，她哭得梨花带雨，像他们第一次见面一样。

　　直到一个月后的某一天，楚浩出了机场，从外面的城市更是为林婧带来了礼物。他着急地想要回家，给她一个惊喜。

　　站在家门口时，他连连做了好几次深呼吸，他想了一遍又一遍编好的台词，为了营造浪漫，他煞费苦心。

　　可就在他打开门，走进客厅的时候，他听到了来自卧室里两种不同声色的对话与娇喘。楚浩没有立刻进去，而是看了一下客厅，他发现茶几上乱七八糟，上面散乱地摆放着几个插着吸管的矿泉水瓶。

这是吸食毒品的工具。

有那么一瞬间，楚浩想笑，也许是笑他自己。他想起那天照片上的人是谁，他猜到林婧又为何与他重归于好，仿佛所有的事情都变得清晰。

他曾是多么信任于她。

他狠狠地推开了卧室的门，吓跑了男人，并将床上一丝不挂的女人拉了起来，一巴掌甩在她的脸上。

楚浩哭了，然而林婧却跪在地上紧紧地抱住了他的腿。

"你给我滚。"

"对不起，我是真的爱你，可我戒不掉。"

从那以后，楚浩再也没有见过林婧，也不愿再想起这个人。

楚浩与林婧的爱情，带着沉闷与悲痛融化在了时间里，在故事的最后，我依然相信他们深爱着彼此，只是林婧因为当初的任性与娇惯，令她染上了毒品。

她深爱楚浩，用自己以为对的方式选择陪伴在他的身边。可是却抵不过毒瘾的发作。

一年后，本地记者报道了一则新闻，说是警方动用了大批警力开展了全市缉毒行动，可在这令人沸腾的公共表面下，谁也不知道，一名警察因私自放走女毒贩一事，被撤了职。

故事说到这，也算是画上了一个句号。在我们漫长的一生当中，如果能够遇见一个懂得珍惜，懂得去爱，以及愿意去懂得自己的人，该是多好。

这种懂得，不是强迫，不是牵引，而是发自内心深处，根深蒂固般的情感。

我摘下耳机，抬起头，看着天花板上五彩的灯光，愣愣的有些出神。

耳机里播放着一首关于爱情的歌。

直到我同事对我说："楚浩，该下班了，要不要一起吃个宵夜？"

我笑着点了点头，重新戴上了耳机，对着面前的麦克风说道："好了，各位听众，本期的迷离之都便到此结束，最后，一首《别丢下我不管》送给大家。"

别丢下我不管

在这漆黑孤单的夜晚

这段感情似乎已经变成了你的负担

顺其自然

还是要做个了断

青春短暂

拖累我谁欠谁还

别丢下我不管

面对爱情不是不勇敢

只是曲终人散

让这一切来得太突然

一刀两断

消失在灯火阑珊

我向后转只留下遗憾

你拥有的，
却是我无法触及的天堂

我很少写有关生命的文字，因为太过沉重。

一年有四季，四季有十二个月，十二个月有二十四个节气。而我们却无法预知自己的下一秒，我突然很想哭，可是又觉得自己很矫情。老徐说，人死了就会变成星星。二狗子批斗她是傻瓜，硬邦邦地塞到火化炉里，人就变成了渣渣。

我说，人死了，会变成花，开在那条叫作回忆的小路上。

默声而语最动听

爱有多艰难，就有多灿烂。

写这个故事的时候，我特意跑去问当事人的意思，愿不愿和大家分享他们的爱情。女主角爽快地说，快点好好写写，我们这纠结又差点失去的婚姻。

其实这是一对很特别的夫妇，两个人是大学同学，从大三到大学毕业，两个人一直分分合合，最后终于许下身家结婚了。说起来好像这些事情在普通情侣间很平常的事，而我要告诉大家的，却是在这些平常里面让人感动的故事。

大学校园，深幽的小树林里，每到太阳落山以后，都会窝着一对小情侣，男的叫少卓，女的叫婉婷，两个人同是这所大学文学系的学生。说起初次相遇，便注定了这段感情与众不同。那年学校万圣节，少卓扮演《生化危机》里的活死人把正在扮演日本动画片《千与千寻》里无脸男的婉婷，吓得不停尖叫。这还不算更带劲的，活死人看她尖叫，索性将无脸男按倒在地，不停地摩擦，嘴里哇啦哇啦，一本正经地学着活死人的叫声，直到，他发现地上这个无脸男竟然有胸。再回过身，惊见室友的扮演的另一个无脸男一脸震惊地看着地上的人间惨剧。

完！蛋！了！婉婷见少卓松劲，气愤地扯下脸上的面具，一扬手"啪"给了少卓一个最响亮的嘴巴。

结果，这一个嘴巴没把少卓给打跑，而是直接打来了一个整天买饭买水，围前围后的小跟班。

我们总问我们最亲爱的婉婷："你这算以身相许了吗？"

婉婷这时通常会扔个白眼过来："以身相许？他算哪根葱哪根蒜啊？"不过说归说，少卓给买的饭，照吃；水，照喝；平时给送的花，特意用一个漂亮的花瓶插好了，摆在书桌上。最要命的，但凡有约会请她去看电影，她更是毫无推托之意，说去就去，说走就走。

按理说一个黄花大闺女被活死人这样子糟蹋，不记仇才怪。哪知，这婉婷明明就是刀子嘴豆腐心，允许她自己骂少卓色狼变态黄老鼠，别人要是敢说少卓，一个不好听的字，绝对会抄家伙跟人家火并去。所以说，这婆娘着实不好惹。反而养成了少卓嚣张的气焰，明目张胆地敢到夜晚的小树林里和我们美丽的婉婷约会。

是不是觉得夜色下大学校里的小树林，一定是小青年的藏娇卧龙之地。还别说，这两怪咖，绝对是小树林里的一股清流。

两个人喜欢在小树林里拿着手电筒讲鬼故事，这俩人都是中文系出身，编这点小故事简直不能再高超了一点。所以每天晚上，等着小半夜，婉婷满脸铁青地回来，那不用问了，铁定是少卓的鬼故事再一次成功地吓到了我们的婉婷大美妞。然后，大家在这一晚上就不要再和婉婷说话了，不然，她会把少卓的鬼故事讲给我们这几个舍友听。话说，我们可没这两个人的兴致，本来晚上去宿舍的洗手间就心里毛毛的，我们可不想这一夜憋着不肯下床又睡不着，回头第二天上课困得要死。

本以为两朵奇葩会一直这样相爱相杀下去，毕竟看他们俩斗智斗勇也是一种乐趣。可命运偏偏不许，大三那年，有一次返校，婉婷突然带了一大包的治嗓子的中药，问了才知道，最近少卓的喉炎犯了，婉婷想让他把嗓子养好，所以特意从家乡买了不少，带了过来。

毫不夸张，少卓拿着这一袋子中药的表情，兴奋得好像得了一大袋子糖果一样开心。等着我们再看见少卓时，他的手里多了一样东西——装着泡着中药的水瓶子。见到谁都嚷嚷："这是我媳妇给我买的，泡着喝，管用！"

"其实一点也不管用。"婉婷抱着被子趴在了床上，一个劲地嘟囔。我们几个反正也睡不着，在她的上铺上一个两个三个探下了小脑袋，说着有点惊悚，但是我们都已经习惯了不下床聊天。

婉婷见我们都没睡，便嘟着嘴，接着说："这几天咳嗽更重了，而且嗓子一天比一天的沙哑。我今天下午催着他去医院看了，明天才能出结果。少卓他说没事，但是我好担心。"

我们几个这次算是下了床，摸摸她的头，温腻得像三只小猫："婉婷，放心好啦，少卓肯定没事啦，你想想，他那么听话，只是喉炎而已，最近让他少讲话，多吃药，多休息，不就没事啦？"

说是那么说，我们四个姐妹一夜都没睡。可是第二天，婉婷再也没联系到他，第三天毫无消息，第四天，他的家里来人把少卓的行李拿走了，并为他办了停学。

我们赶紧跑回宿舍，看见婉婷正拿着手机大哭。手机上发了几条短信，大致的意思是少卓向婉婷提出了分手。

事情过到了第五天，少卓的室友跑来找到了婉婷，告诉她，昨天听他的家里人说，少卓的喉咙里长了个瘤子，需要做个手术把瘤子拿出来做病理，但是这个手术会影响他的发声。所以，他的室友们觉得，分手，肯定并不是出于他的本心。

那天，我们整个寝室都很安静，每个人不约而同地想着同样一件事。而婉婷不停地上网查着资料，偶尔会问我们一句："如果是良性的应该不会影响他回来上课，如果是恶性的……恶性的，那我就找到他，陪着他一起治病。"这个想法很疯狂，但是她就像一个长不大的孩子，平时在家里父母宠着，上了大学，又被少卓宠着，多多少少还有点公主病泛滥。所以，也许这次就算她真的接受不了，也是没办法的事情。

大学似乎每一天都在上演着分分合合的青春偶像剧，没了少卓的婉婷每天走在校园里，果真更像了动画片里的无脸男。有几次吃饭，不知道想起了什么，那么淑女范儿的美姐，当着我们的面，几大口把饭吃完，随即不知道想到了什么，吧嗒吧嗒地混着滴下来的眼泪，把饭艰难地咽了下去。

"你们说，如果少卓的病理出来，是良性的，那么恢复好了，是不是就会回来上学了？"婉婷可怜巴巴地望着我们三个都想陪着她哭的姐妹，默默地抽泣几下。

但是一个月就这样过去了，婉婷觉得自己的心越来越发空，好像远方的少卓在什么地方呼唤着自己。婉婷这样对我们几个说的时候，我们纷纷觉得她一定是相思成疾，疯了，魔怔了。

第二天，婉婷没来上课。她拿着以前少卓无意间告诉他的家庭地址，千里寻夫去了。

少卓本身便是只身来到北方求学，他的家住在南方的一个小镇，那里风景秀美，有吃不完的竹笋。婉婷背着卡哇伊的书包去了，我们这些舍友慌了，当天晚上赶忙在小树林开了个紧急男女舍友会议。婉婷能找到少卓还好说，找不到的话，给卖了？给绑了？给关了？拉进哪个传销里每天喂她大白菜？给塞到哪个穷沟沟里当个小媳妇？万一还生了一堆娃，这要怎么办？还怎么向少卓交代？

所以现在的办法，只能找到少卓，哪怕找到他的家人也行，我们追着她，少卓那边迎着她，怎么样，也要把这个小公主平安地找回来啊。可是，我们也不知道要怎么联系到少卓，这又怎么办？找导师，让导师找学校，问下少卓的联系方式，肯定有。而交给我的任务，就是不停地打少卓关停的手机。万一打通了就算是最快联系方式。说做就做，我们这一干人等对于他们这两只鸳鸯，果真是心力交瘁啊。

于是，说来也巧，在第二天的下午，就在我手机还留有一格电的时候，少卓电话通了！

通了！

我大喊一声，姐儿们几个凑了过来："喂……喂……喂喂……没声音？"我狐疑地回头看着身边的其他人，怀疑自己是不是打错了，一看号码，是对的。旁边有人提示："快说事，快说事，少卓估计是嗓子问题，说不了话。"

"噢噢噢……"我懂了，连忙接着说："少卓，我手机要没电了，长话短说，不管你现在情况如何，婉婷找你去了。她可能是有你跟他说过的家庭住址，你自己回忆一下。我们现在找不到她，电话是通的，但是不接。所以，婉婷能不能找到，只能交给你了……"

对方当即挂断了电话，我这边的手机不一会儿也关机了。四周又一下子安静了下来："这样，是不是……就行了？"

我看着身边另外两个室友，用手狠狠地擦了一下额头上的汗水。

话说，那天正值南方下着大雨，那天婉婷的火车，到达少卓所在的城市，晚点长达二十四个小时以后。听不少乘客说在前面有个路段，雨水把山坡上的碎石冲了下来，路堵了，什么时候恢复通车，只能等那边的路段抢修好。

这下婉婷慌了，火车行进了一半，停在一个小城里一直不动。拿着手指头算算，离少卓家还有一半的路程。因为停车时间过长，所以乘客大多下了车，补充水，补充食物，伸伸胳膊，伸伸腿。婉婷也本想下车，刚到门口，呼，一阵风雨打进了车门，婉婷只觉得冷，又退了回去。整个车厢里，又湿又闷。婉婷低下头看看自己的手机，电量不足了。

这是离开大学以后的第二天了，在火车上待了整整一天多，还是没有要开车的迹象。所有乘客都怨声载道，有的干脆下车以后就直接在车站口坐在台阶上聊天，有几个男人，一直聊一直聊，聊到最后，没什么再可聊的，就相互点了支烟，沉默地继续等通车的广播。

婉婷的手机响了，将响两声，对方便挂断了。婉婷低下头查看，手惊得一颤，是少卓的号码。

正想回拨，短信息来了：宝贝，你在哪里？

婉婷瞬间哭了，飞出来一包纸巾都擦不完，她回他：这么多天你跑哪去了？我在山东临沂站，火车走不了，手机要没电了。

不一会儿，短信又来：照顾好自己。

婉婷傻了，这是什么意思吗？不过短消息再也没有发来。婉婷当时觉得自己就是个没人要的孩子，爹娘不要，舍友不要，少卓也不要，其实自己的想法有多偏激她自己心知肚明。明明就是她任性自己跑出来找少卓的，如今刚出来坐上火车就出事情，简直是上天故意为难她。

怎么办？只能自己想办法？既来之，则安之。婉婷鼓起勇力，拿着钱包，冲下了火车，先买些吃的，把肚子填饱再说。然后，在车上睡了好大一觉。人有的时候悲愤到极点是这样的，对于有公主心的婉婷来说，这种极点不知道已经被她放大到了多少倍去。不过还好，当有人陪着她的时候，她不见得有多坚强。一旦只有自己在的时候，虽然遇到了很多以前想想都觉得可怕的事，都会表现得十分地坚强，所有的脑筋，都会用在怎么让自己的目的快速地达成。而睡醒的婉婷想通了一个事，少卓既然还在，就是还有找到的希望，所以不论遇到什么样的困难，只要最后的结果，能找到少卓就行。

婉婷一边想着，一边又拆了一大碗泡面，大口大口地吃了起来。

晚上，火车广播响了起来，却不是通车的广播，而是找人。与此同时，列车长走到了婉婷的身边，示意婉婷下车。婉婷隔着车窗抬眼睛向外看，车站里有个正在向着车厢里焦急张望的男生，熟悉的身材，熟悉的脸，婉婷惊讶地慢慢站了起来，揉揉眼睛，一下子贴近了车窗玻璃用力看着他。惊喜、委屈、心疼、担忧，一股脑地冲上心头，一边哭，一边笑。少卓也看见了她，咧着嘴笑着向她招手。婉婷开心地直接从车上跑了下去，用尽全力，扑进了他的怀里。

那天晚上，少卓将她从火车上接走，新闻上来来回回地滚动播出铁路的通车进展，车里，少卓家的方向，很安静。

少卓将婉婷裹在了毯子里，安心地开着车子。但是，他除了刚见面时的喜悦，似乎再也没有高兴的表情。他的眉头一直紧锁着。眼睛里的愁怨来得比婉婷还要深，终于憋不住了，婉婷拍了拍他的肩头：“我要去尿尿。”

少卓被她逗笑了。因为，婉婷一向都觉得“尿尿”这个词不太雅，要说“方便”。

车停到了服务区，雨已经停了，少卓不放心，锁好车门，陪着婉婷一起，去洗手间。婉婷进去，少卓在外面等着，很长一会儿，婉婷红着脸从里面出来。看到少卓正拿着姨妈巾，在外面看着她。

婉婷一脸的尴尬：“你刚买的？”

少卓点了点头，拿起一个新买的小本子和笔，写上几行字：我记得宝贝的姨妈是这几天。看你去了那么久才出来，我想应该是了。

婉婷咬着嘴唇，接过姨妈巾，转身折了回去。她觉得，在路上，他那么安静地开车，心里一定比她还不好受，他果真失声了，一个字都发不出声来。而自己既然能接受，又在意什么？是不是应该给他时间去适应？他需要时间。

这次破天荒她没哭。

从洗手间再次出来，她笑眯眯地看他，她把薄毯披在了他的身边。用头，像猫一样顶着少卓的胸口："我们一起披回去吧。"

少卓先是一愣，眼底腾起了一片温润润的温柔，搂着婉婷的肩膀，依旧甜腻如初。

婉婷在少卓的家里待了将近一个星期的时间，见过了他的爸妈，并了解了少卓为什么不回学校的原因。少卓还需要第二次手术，虽然这里的瘤子拿了出来，确定是良性的，但是声带受影响了，第二次手术需要试着恢复声带，不过即便是恢复了，也还是会影响发声，少卓住的病房里有个病友，就是做了这个恢复术，结果，还是不能像以前一样说话，只是一个字一个字地吐，还是很小声的那种。这让当时刚做完一期手术的少卓深受打击，所以，他谁也不想见，也不想找。他连自己未来的路在哪里都不知道，更深重的悲伤便是不知道要怎么去面对婉婷。

婉婷在夜晚的庭院下，等着他拿了两个甜瓜出来给她吃。两个人笑眯眯地坐在庭院里的一处竹林下，婉婷说："我觉得这样的生活挺好的，我喜欢这里，毕业以后，我们结婚吧？"

少卓慢慢地把手中的瓜放了下，眼睛再也不敢看她。

婉婷装作没瞧见，接着又说："其实我觉得你现在这样子挺好的，我不喜欢话多的男人，做出来的比说出来的实在多了。以后你只听我说就好，这个家我管，你不许有其他的意见。"

少卓赶紧拿着本子和笔，写出来："你不能嫁给一个哑巴……"

这句还没写完，少卓只瞥见婉婷猛然起身站起，一扬手"啪"的一声，少卓的一半脸肿得老高。再转过头来，一道美丽的红色河流，从一侧的鼻孔下面流了下来。

婉婷挑了挑眉毛，又着腰，问他："痛吗？"

少卓点了点头，想想又摇了摇头。

婉婷白了少卓一眼："以后记得这个耳光。不听我话，就要挨打。"少卓傻眼了，估计心里盘算着，婉婷的这波套路极深。

"我不是冲动，已考虑了很长时间的想法，所以你不要以为我在开玩笑。我这是在很认真地向你求婚，你敢拒绝我？"说完婉婷又将本子推给了他，"我要和你结婚，毕业就结。"

少卓看着本子盯了好一会儿，才拿起笔，毅然地写出了两个字：老婆。

婉婷甜瓜刚好吃完，笑眯眯地自顾自回房睡觉去，一边走一边说："真好，本女子向来不喜欢武力解决，但凡可以用语言代表行动的做法，我还是很支持的。真好，我有一个骂不还口的老公，哈哈，舒坦。"

少卓傻了，捂着肿老高的半张脸，一下子清醒了好多。

婉婷是比少卓早回学校的，但是因为少卓需要准备第二次手术，所以整整停学了一年才回到了学校。此时，婉婷已经毕了业。不过还好，少卓复读的这一年，婉婷在学校的附近租了一间不错的房子，并且通过父母的关系，找了一份很不错的工作。

对于父母这块是不是会接受少卓来说，确实是有些波折的，因为婉婷的父母和其他家长一样，希望的是女儿嫁得好。但还是禁不住婉婷的撒娇、打滚、抱大腿，外加少卓天生的细心体贴，懂得人情世故，所以，没多久，便拿下婉婷的父母，两个人顺理成章地等着少卓毕业以后，结婚。

现在婉婷果真可以在家里撑得起半边天，我们这些舍友觉得，婉婷美妞，就是属于那种弹簧本质。你强她弱，你弱她强，懂得小鸟依人，也懂着不畏艰难。这样的婉婷我们很喜欢，我相信少卓会更加地爱着她。

最后，希望天下所有有情的男女，都能鼓起勇气，勇敢地追寻自己的爱情。

你一定要相信，狭路相逢勇者胜。

以幸福的名义让自己嚣张

我从来不敢嘲笑有梦想的人。

因为那些人太可怕，梦想这玩意儿就像兴奋剂，一聊起来就容易让人亢奋。某本书上说：过自己想要的生活，上帝会让你付出代价，但最后，这个完整的自己，就是上帝还给你的利息。

而上帝当年给我的利息，就是让我嚣张自由地活了这么多年，依旧幸福。

幸好还是你

我们总是对未来的对象定下许多标准，要怎样要怎样。可是当我遇到十八岁时我喜欢的你，便突然发现，原来那些标准，都是你。

苏小北从来都没有想过会在这样尴尬的场合下碰到蒋东南。

这是一家主题餐厅，苏小北被她极品老妈押出来跟一个据说学富五车、才高八斗的英年才俊相亲，为了不让对方看上自己，她临出门的时候，特意穿了低胸开叉包臀裙，风情万种得像一只金光闪闪的孔雀。

大学毕业苏小北就出国了，归来后出人意料地放弃了高收入的外企工作，非考到母校当老师。眼看年近三十，个人问题还没有解决，强悍的苏妈给她下了最后通牒，如果不在年底带一个雄性动物回来过年，那么就要将她清理门户。

看着苏小北对自己的威胁毫不在意，苏妈立即开始第二方案，装病。逼着苏小北去相亲，无奈之下，苏小北只好使出浑身解数来让对方看不上自己。

可是，她万万没有想到的是，会在这里遇到蒋东南。这一刻她只想找个地缝钻进去，越深越好，最好永远也不要让他看到，这副模样的自己。

苏小北曾经在心里演练过无数次，与蒋东南再次重逢的场景。

应该是在飞往国外的航班上，他身边坐着漂亮优雅的妻子，自己穿着土得掉渣的裙子，两个人相互点点头，便再无交集。

应该是在某个网站的头条上，他西装革履站在上面，自己和朋友去看他的演讲分享，在人群里远远望着他。

又或者应该是在街边，自己在等车，他银色的宝马缓缓靠过来，车窗落下，他问姑娘，要不要带你一程，车费全免。

不管怎样，他都应该是年轻有为，潜力无限的少年才俊。因为这才是一个聪明又努力的男生应该有的剧情。

绝不是现在，他穿着餐厅领班的衣服，端着一杯咖啡，正朝自己走过来。

这简直就是一场狗血剧！

八年未见，他依旧是当年的模样，只不过是校服变成了制服。不知道为啥，看到他穿制服的模样，居然有一种禁欲系美少年的感觉，色女苏小北忍不住吞了吞口水。一别八年，她实在后悔自己今天打扮的这鬼样子，也有点儿庆幸自己打扮成了这副鬼样子。

至少，他没有认出她来，只是微微皱了一下眉头，似乎在确认什么，又似乎在否定什么。接着，便看到他把咖啡放到自己面前，随即微笑着问道："苏小北？"

苏小北觉得，世界上最囧的事，莫过于被前任看到自己最糟糕的一面。最重要的是，他们已经八年没有见面了。这本来应该是一场喜剧，不知道为什么，苏小北突然不想承认自己是自己，下意识地脱口而出："苏小北？这名字真好听。"

蒋东南的脸色一下子舒缓了，脸上露出你演技真烂的表情。正要开口说什么，有人从他身后走过来，坐到了苏小北对面。

"不好意思，刚才领导喊我加班改稿子，耽误了一会儿。"优雅相亲男满含歉意地向小北解释，随即扭头对蒋东南说："麻烦给我们来一套特色吧，小北，我听你妈妈说，你特别喜欢吃这个餐厅的特色。"

蒋东南看了看优雅男，又看了看苏小北，点点头，合上菜单，走进了后厨。

苏小北认识蒋东南的时候，正好十八岁。那年她上高三，因为父母工作调动，也随着转学到了这所新学校。蒋东南是整个高三最优秀的学生，没有之一。他会用好几种方法解深奥的数学题目，作文能发表在晚报上，英语直接可以秒杀文科班的女状元。他上知天文下知地理，古往今来中外历史在他口中如数家珍。

苏小北有时会怀疑，他这个脑袋到底是什么组成的，怎么能装得下那么多东西。

蒋东南是苏小北少女时代的大杀器，她甚至见到他都会脸红，可是却又控制不住自己去偷看他。

他是她心中的旗帜，未来的方向。尽管蒋东南出身农村，她是千金小姐，可是她就是想要成为他那样的人，可以和他永远在一起。

没错，才高八斗的穷小子蒋东南，是千金小姐苏小北的梦想。

可是生活有时候，就是一场狗血的电视剧。

高考的时候，蒋东南居然发挥失常，被调剂去了广州一所二流学校。而苏小北却因为高考最后几个月被蒋东南恶补，发挥超长，考上了俩人共同的目标大学。那年暑假，苏小北放弃了和父母去欧洲旅游，和蒋东南去烧烤摊打工。油腻腻的羊肉，即便是戴着手套，拿在手里也让养尊处优的苏小北觉得恶心，可是看到蒋东南哼着小曲儿乐此不疲的模样，她狠狠心闭着眼睛开始学着串羊肉。烧烤摊的夜晚总是热闹的，人多的时候忙不过来，苏小北就会被喊去收拾盘子，这是她在家从来没有干过的事，端着那一摞摞的残羹剩饭，她在蒋东南的脸上看到了抱歉的表情，她却对他灿烂一笑。

对于少年蒋东南来说，苏小北是他高攀不起的一朵花，可是不知道为什么，他明知道这朵花跟自己有太多的差距，却又无法控制这朵花对自己的吸引，她就像暗夜里的一束光，将他黑暗的世界照得通透。

从那以后，不仅是第一个暑假，还是第二个暑假，苏小北都和蒋东南一起到处打工，他们做过游泳馆的救生员和清洁工，最苦的时候，苏小北一个人打扫女更衣室，一个拖把拖几遍，地上依旧是乱糟糟的脚印，领班还冲进来指责她不会干活。眼泪快要落下来的时候，她就跑到泳池边上，看那个坐在救生员椅子上的人，看着看着，似乎就不觉得那么苦了。他们还去商场里给人卖过衣服，一站就是一天，中午吃饭的时候，俩人头对着头躲在仓库里，吃最简单的盒饭，喝单调的白开水。他们的朋友都觉得苏小北这是在跟着蒋东南受苦，可是苏小北却不觉得，她说只要跟他在一起，住贫民窟她都甘之如饴。

她一直在用自己的方式向他的世界靠拢，可是让她不明白的是，那年暑假结束，他们就分手了。

苏小北常常想，是不是我站着原地等他，他就会再回来呢？

可是她却从朋友那里知道，蒋东南搬家了。她甚至幻想，是不是蒋东南中了彩票，然后他们终于门当户对，肩并肩一起迎接美好的明天。可是她等啊等，蒋东南就像是人间蒸发了一样，电话变成了空号，QQ 再也没有上过，MSN 也失去了他的踪影，就连高中同学会，他都没来。

很多朋友问苏小北，为什么会这么喜欢蒋东南？学生时代的爱情不都是荷尔蒙分泌过多的结果吗？怎么到了苏小北这里，就不一样了呢？

苏小北谁都没有说，其实她的内心深处，住着一个特别自卑的小姑娘。她觉得自己一点也不优秀，不会唱好听的歌，不会写华丽的文章，甚至不会跟陌生人说漂亮的话。在优秀的蒋东南面前，她自卑得一无是处。

所以她才要拼命地向蒋东南靠近，逼着自己去读书，去跑步，去唱歌，去和陌生人笑着说话，她想要变成更好的自己，才配得上那么优秀的蒋东南。

餐桌那头，优雅相亲男慢条斯理地问了苏小北一些问题，然后开始讲述自己的故事，他说像你们这种富贵家庭出来的女孩子，一般都不太理解，我们穷孩子从底层一路自己打拼上来的艰辛。

苏小北莫名地就想到了，那年夏天，蒋东南做了一个兼职，晚上七点到九点给人家送成桶的矿泉水，一桶赚五毛钱，如果扛到楼上能赚一块。蒋东南从二手车市场买了一辆破三轮，车上摆满了大桶水。平地的时候，他就骑着车子，苏小北在后面坐着，他们俩就一句句聊着学校里的趣事。遇到上坡的时候，苏小北就跳下来，和他一起吃力地把一车水推上去。有一次两个人白天卖衣服，站得实在没力气了，车子开始倒着往下滑，两人连吃奶的力气都使出来了，蒋东南白净的脸被憋得通红，好歹把车子推了上去。

想到这里，苏小北不禁咧嘴一笑："不，我知道。我大学暑假的时候，曾经和一个人，在这座城市的很多地方打过工。"

优雅男有一瞬间的错愕，但随即跳过这个话题："小北，我觉得咱俩挺合适的。我发现你身上没有那些富家女的坏毛病，而我恰好符合你妈妈的标准。所以无论从外观还是家庭背景，我觉得咱们都应该在一起，你觉得呢？"

苏小北抬头瞥了一眼不远处正在帮客人点餐的蒋东南，笑了笑："抱歉，我喜欢小白脸，我觉得，咱俩不合适。"

优雅男愣了愣，显然没有想到苏小北会如此直面拒绝自己。目送优雅男离去的背影后，苏小北用叉子敲了敲空盘子，看着朝自己走过来的蒋东南说道："我没吃饱，给我来碗千里香馄饨。"

蒋东南想了想说："你等我一会儿，我带你出去吃。"

看着蒋东南闪进后厨的背影，苏小北如同福至心灵一般，火速跑到收银台，对着正在算账的姑娘问道："姑娘，蒋东南是你们店里的员工还是老板？"

那女孩扑哧一声笑了："姐姐，你是不是看上我们蒋大哥了？"

"没错！"苏小北的回答铿锵有力。

女孩有些吃惊，示意苏小北低头过来："姐姐，这家餐厅以前不是蒋大哥的，不过现在是了，据说是蒋大哥以前的女朋友喜欢吃这里的菜，蒋大哥可真是个深情的好男人。还有，我也是听其他人说的，蒋大哥爸爸头几年投资失败，家里被人天天堵着要账，蒋大哥硬是自己一个人，到处打工替爸爸还账，几年工夫就把外债都还上了，还自己经营了一家公司，这些年蒋大哥一直是一个人。"

苏小北突然想掉泪，她一下子明白了，为什么明明家境不差的蒋东南，会这么拼命赚钱。

这个该死的大傻子！

蒋东南换好衣服出来的时候，正看到站着门厅等他的苏小北，八年未见，她似乎长高了，也瘦了，以前齐耳短发现在变成了披肩长发。曾经在心里无数次刻画的模样，如今水灵灵地站在自己面前，蒋东南似乎还觉得自己在梦里。

直到苏小北走过来，他才反应过来，这不是在梦里。

两个人一前一后地出了餐厅，蒋东南说附近有一家特别好吃的千里香馄饨馆。苏小北点头，像很多年前一样，慢吞吞地跟在他后面。

　　"蒋东南，你这些年，过得好吗？"苏小北忍不住开口。

　　"还可以。你呢？"

　　"我过得不好。苏小北认真地说，刚才那个人是我男朋友，我快结婚了。"

　　蒋东南停下脚步，回过头看她："这个店是我老婆的，我过来帮帮忙。"话一说完，他就看到了苏小北一副想要哭的模样。这么多年，他最怕的就是苏小北的眼泪，这丫头有个毛病，一哭起来就止不住，每次都让他手忙脚乱。

　　眼看着苏小北的眼泪开始大颗大颗往下落，蒋东南恨不得给自己两巴掌，刚才说的都是些什么屁话，直接告诉她他一直在等她不好吗？为什么听到她有男朋友自己就控制不住自己呢？把她从那个男人身边夺过来，需要什么样的准备呢？自己是不是对那个男人不太了解？

　　正想着，只听到苏小北一声怒吼："蒋东南，你要装到什么时候，不装你是不是会死！说你还爱我有这么难吗？你这个世界第一大傻子！你知不知道我好想你，你知不知道我找了你好久！"

　　蒋东南还没反应过来，苏小北已经扑进了他的怀里，熟悉的薄荷清凉味道，熟悉的人，熟悉的声音，这久久未曾触摸到的真实感，让蒋东南有些难以置信。

但是随即，他立马狠狠抱住怀里的人。

蒋东南不知道，当苏小北再次看见他的时候，就已经下定决心，今生不再放过他。

蒋东南不知道，在他十八岁的时候，他曾经对苏小北说，如果有一天，他有能力了，就一定要把学校这座旧教学楼推翻了重新盖。他忘了，可是苏小北却记住了。为了让他找到她，她放弃了外企，不顾家人朋友的反对，回学校做了一名老师。

蒋东南不知道，苏小北从来没有忘记过他，从来没有。

十八岁爱上你，二十岁失去你，二十九岁重逢你。

这一刻，我只想，余生全是你。

超人先生和威猛小姐

假如人生不曾相遇，我还是那个我，偶尔做做梦，然后，开始日复一日的奔波，淹没在这喧嚣的城市里。我不会了解，这个世界还有这样的一个你，只有你能让人回味，也只有你会让我心醉。假如人生不曾相遇，我不会相信，有一种人可以百看不厌，有一种人一认识就觉得温馨。

我时常在想，若是没有在那个胡同口遇见我的威猛小姐，我的人生会是什么样子？会不是一如从前那样朝九晚五地工作，下班后应酬或者回到我那小小的出租屋里上网。可是人生没有太多的假设，超人先生遇到了威猛小姐，一切仿若天生注定。

威猛小姐改变了我很多，也激发了我很多潜能，在没有遇到她之前，我从来不知道原来我也会有这么多的幽默细胞，我从来不知道原来我也可以这么毫无顾忌地开怀大笑。

威猛小姐是我命中的贵人。

当然，我觉得自己同样也是她的命中注定。

每隔两个月，我的威猛小姐都要出门远行一次。屈指算来，截止到目前，威猛小姐已经对祖国东南西北四个具有代表性的城市参观完毕。

作为漂泊在外的典型神漂族，四处流浪固然是我们的天性，可是她却偏偏对旅游这事有着无限热情。我的威猛小姐喜欢穿着肥大的裤子和外套，戴着大大的墨镜，背一个比她还要强壮的背包，龇牙咧嘴地跟着那些老大爷老大妈们走南闯北，没办法，谁让老年人的旅游团便宜呢。好在那小家伙从来不在乎，甚至每次回来都会给我带一些稀奇古怪的玩意儿。

顾名思义，文艺范。

这是她今年里第五次出门归来，等她把那串象征着吉祥如意的珠子挂在脖子上的时候。我说："威猛小姐，你跑来跑去就是为了给这些和尚道士捐善款吗？"

她愣了三四秒后迅速反应过来并无耻地爆了粗口："你懂个屁！"被质疑了的小朋友一脸认真地说："你懂不懂什么叫缘分！这个东西跟你有缘分！"

我没有理会她所谓的缘分，被她弄得乱七八糟的背包此刻正散发着一股发了霉的味道，再不洗干净，恐怕又要变成猫窝。我将那串珠子摘下来，放进小朋友去云南的时候给我带回来的荷包里，那里面已经有了两串佛珠和四只手镯，都是小朋友送给我的礼物。我把背包里的衣服丢进洗衣机，将她的鞋子泡进盆子里。

回到客厅的时候，小朋友已经躺在沙发上睡着了。她长长的睫毛在睡梦里一动一动，可爱极了。

我们两个都是外地来济南奋斗的草根，每两个月出门一趟对我们而言花费的并不是个小数目，可是我并不在意。因为我知道威猛小姐曾经去给我算过命，那个满嘴跑火车的江湖先生告诉她，我命里注定有一场劫难，必须要集齐东南西北四个方向的灵气在我身上才可以逃过一劫。而她显然是相信了。

在金钱和无法预知的命运面前，我的小朋友毅然选择了相信那无法预知的命运，她的东奔西跑是为了我的一世安好。所以，我愿意每天啃面包喝白开水节约每一分钱，换她的欢颜。

星星缀满天空的时候，我在厨房里炒菜，小朋友揉着蒙眬的双眼拖沓着走到我身后，轻轻抱住我的腰。她说："我不出门了，我们攒钱给你买个汽车好不好？"

我的动作停顿了一下，没有说话。

其实，看你戴着异域风情的珠珠串串在我面前走来走去，看你嬉皮笑脸地在我眼前喋喋不休，看你将那乱七八糟的东西挂满我的脖子的时候，我觉得眼前的你漂亮极了。

因为莫须有的一句话，你为我跑遍东南西北。

爱，不过如此。

恋爱与婚姻最大的不同就是恋爱的时候各管各的钱，结婚后男人兜里没有钱。

而我，愿意看着你像个小小守财奴一样，一分一毛地积攒着我们的梦想。

威猛小姐每天都在发挥她超级旺盛的精力。

国庆节的时候，她在市场批发了很多五颜六色的气球，将每个气球上都写满了忧伤的、快乐的、幸福的话。她说一个气球批发价格是5毛，经过她的加工和美化，每个气球可以买到3块钱，去除乱七八糟的费用，她一个气球可以赚2块钱。小朋友买了100个气球，用她的话说可以赚200块钱，如此循环，一个国庆长假，她可以差不多赚2000块钱。我对她的小算盘听的是云里来雾里去，她却算得不亦乐乎。她说："超人先生，只要我努努力，就可以帮你换个新手机啦！"

对于她的创意和打算，我只能昧着良心大肆夸奖。

记得第一次上交工资的时候，为了表示忠心，我将银行卡里的钱都取了出来，连被扣掉的几分几毛都用白纸黑字写了个清清楚楚。谁知道她却一脸羞涩地说："这怎么好意思……这怎么好意思……"并作推辞状。

当时我那个激动啊，简直是无法形容。正准备将钱收起来的时候，却看见原本窝在沙发里的小朋友一跃而起，顿时变了脸色，一把抢过存折，并把手里的狐狸尾巴垫子被悄无声息地丢在地上。威猛小姐的脾气可不是吹的，那一个星期我被特派于客厅沙发体验生活。

背包客加账房小姐，超人先生我的恋爱生活比蚂蚁还蚂蚁。可她给出的解释是，谁让你是超人先生。

没错，我是当过一回超人先生。公司化妆酒会的时候，我花费心思扮演了内裤外穿的超人，回家的时候正好遇到了丢失钥匙的威猛小姐，于是一个恶俗的开头成就了一对年轻男女的爱情。

其实我挺郁闷的，若是那天是另外一个人恰巧路过那个胡同，是不是随便一个阿猫阿狗都可以入得了她的法眼。看来我得感激她于芸芸众生中选择了我，并铭记这浩荡的恩情宣誓一辈子为奴为婢不离不弃。

其实，威猛小姐还是比较有眼光的。

威猛小姐是个博爱的小朋友。

话说这人上一百，形形色色。有好烟的，有好酒的，有好听歌的，也有好听戏的。其实这原本就是人之常情，实在不能强求。而我们的威猛小姐除了喜好用灵异的文字和夸张的艺术行为把我吓得半死，还是个不折不扣的猫咪控。

无论何时何地，只要有猫咪在前面经过，无论黑猫、白猫、花猫，一律狂奔而去，顿时忘了病毒、细菌和《威猛家规之20项卫生条例》之规定，抱起、挠痒痒、抓毛等行为屡教不改。更有甚者，她经常把我们那几十平方米的小窝当成流浪猫收容所，最高纪录为同时十二只猫咪入住，真令我苦不堪言。

虽说超人先生并不反对养宠物，但猫粮所需之巨，仍然造成财政小幅赤字，到最后已经发展到从我的口粮中扣除所需，大家说，如果连方便面都变成面条了，这人生还有什么意义？更糟糕的是，由于有些猫咪来路不明，身上常伴跳蚤、掉毛等异常情况，令超人先生皮肤过敏，身上、胳膊上常有红斑出现，因此还导致额外的药物支出，并承受着精神和身体的双重打击。几经思量，在将她捡回家第 N 只小猫送走之后，我决定找机会和她进行一次正式友好洽谈。

一日晚饭之后，我照例在厨房洗碗，而威猛小姐却一改往日活泼之气，闷闷地坐在沙发上发呆。我收拾完之后坐在她的旁边，只感觉怨气阵阵，不用问也知道因何而来。

"你说，它们现在过得怎样？"她头也没抬，只是悠悠地说着。

"你放心吧，我给它们找的新主人都是信得过的朋友，肯定会对它们很好的，放心放心。"其实我们之间一直都很有默契，不用说得太详细，自然心领神会。只是威猛小姐这突然间的多愁善感，让我这超人也心有不忍，遂环住她，将她的头依偎在我的肩上。

五分钟的沉默……在我记忆中上次沉默是在多久之前？唉，

已经不记得了。而我现在，却只希望时间能过得快些，不是有人说过吗，时间是最好的解药。

"媳妇啊，这事儿你也得为我考虑一下，我知道你喜欢猫咪，但是我这皮肤过敏，害得我现在都不敢去浴池洗澡，你看看我这胳膊，看看我这身上。"遂挽起袖子，露出红红的一片。

"唉，原来超人也有脆弱的时候。"她摇头晃脑地感叹道。

我一时石化，原本以为可以换来几句安慰或心疼，结果可好，倒是觉得自己侮辱了超人的名声。

"我知道啦，以后再也不养了。"她离开我的肩膀，一脸无奈。

"时间尚早，要不我们去公园走走吧？"

"好吧……"

说是公园，其实也算不上是公园，只是楼下小区的休闲之地，但是也绿草如茵、树影婆娑。其中不乏遛弯的老人，嬉闹的孩子。而今天却有些不一样了，刚走出没几步，只见一群人围着什么东西，其中李阿姨、张大妈等俱在，便信步上去打声招呼。

"张大妈，您吃完了啊？"我上前说道。

"哎呀，是你们小两口啊，这是去遛弯啊？现在像你们这样的好青年不多啊，看这小两口，多恩爱啊，嘿嘿……"张大妈打趣道。引来众阿姨的嬉笑一阵，但我知道，她们并无恶意。

中国有句俗话叫：远亲不如近邻。像我们这些出门在外的人，跟邻居搞好关系是很重要的。不然在这个陌生的城市里，会变得孤立无援。我也乐于做一些力所能及的事情，什么帮着社区劳动，给谁家的孩子补个课，谁家电脑坏了给看看之类。威猛小姐别看平时跟我张牙舞爪的，但是在这些长辈面前，还是很乖的。平时总会上前去一阵狂侃，而今天，却也只是努力地挤出一点笑容。看来，把猫咪送走的事情，她还是牵挂于心。

"你们这是在看什么呢？"我担心一会儿大妈们看到威猛小姐的脸色，再引起什么误会，便首先开口。

"唉，你说现在这人哪，咋就这么狠心，什么都能扔，唉，真是不讲人情啊……"张大妈也不知道是自言自语，还是对我说的。

"喵……"一个微弱的声音响起，令我浑身一颤。

不会这么巧吧？不会这么巧吧？我脑中反复地响着这句话。

在我身后的威猛小姐有如上满了发条的机械青蛙，三步并作两步，分开人群，冲到近前。只见在草坪的角落里放着一只纸箱，里面是一只黑色的小猫。

用曾经流行过的小月月的文风来说：我在思想中打了自己无数个耳光！让你嘴贱说来公园！让你来公园！让你来公园！

威猛小姐轻轻地捧起那只小猫，回过头看我，没有说话，只是眼睛里含着泪光。

说真的，猫咪很漂亮，通身的黑色，四个小白爪，小白鼻子，小小的，看起来最多两周大。我终于理解大妈们为什么那么愤怒，也终于理解我的威猛小姐为什么会掉下泪来。

我默默地点点头，用了很大的勇气！

在邻居们的一片"赞扬"声中，这只小猫顺理成章地住进了我们家，唉，怎知道这又是另一个噩梦的开始……

"亲爱的，我们给它取个名字吧？"那小家伙捧着小猫一脸坏笑地凑过来。

亲爱的？她平时可不会用这词儿，我条件反射般地跳开，用力地挠着手臂，也不知道是胳膊痒还是心痒。

"你看，它那么小，那么可爱，那么漂亮……"威猛小姐把它捧到我眼前，然后做大头贴经典姿势——可爱猫咪。

"唉，看来我是逃不掉了，不过我们要约法三章！"趁着现在这个空当，赶紧规定几条对自己有利的条款。

"好！"小家伙一脸严肃地说。

"第一，绝对不许抱它接近床铺！如它自己跳上来，要以最快速度赶它下去；第二，吃食的碗要专用，不能顺便把我吃饭的家伙给它用！第三，家里出现一根猫毛，或者咬坏的拖鞋、家具等，你要出钱去买，而不是扣我的零用钱！怎么样？你答应吗？"我相信我当时肯定是一脸奸商的死样，不过这话说的还是很爽的，哈哈！

"你这家伙是想趁火打劫吧？一根猫毛都没有？你以为它是

铁的啊？"威猛小姐终于露出了威猛的一面，挽起袖子，一脚踩到沙发上，大有女特务之势。说真的，我还真挺害怕。

"……这个……那个……那就这样吧，它掉毛，你负责收拾，这总行了吧？"我怯怯地说。

"哼！本姑娘今天心情好，便宜你小子了！我可爱的小家伙呀！"边说边把小猫一顿蹂躏。唉，可怜的猫咪。

看到她的样子，我也挺开心，虽然说还是逃脱不了养猫的命运，但是这一只，总比十几只要好得多吧？知足常乐，忍了吧！

"超人先生，你还没说给它取个什么名字呢？"她总算是想起这件事了。

"……神武将军吧？哈哈。"我此时哪有心情想名字，我要想以后的日子该怎么过。

"呸！你真恶俗！人家那么可爱！还神威？还将军？喊！"她一脸不屑地说道。

"啊？我恶俗？成成，那你取一个！"我有些被打击后的激愤。

"嗯，这个，嗯嗯，是要好好想想，叫什么好呢？我想到了，叫大爪子吧！"

"大爪子？"我被雷得外焦里嫩，泪流满面。

真是福无又至，祸不单行啊！这怕什么来什么啊，想想那大爪子的小爪子……

"不行不行！你绝对要换一个！"我现在的口气更像是在哀求。

"不换！就这个！什么时候轮到你发表意见了？给我保留！是不是啊？大爪子？"才发现，女人的脸变得真快啊！

入夜，我从噩梦中惊醒，只梦到一只黑色的猫慢慢走来，向我亮出了爪子！窗外月色正皎，不知道以后会不会每天如此，唉，有时候太博爱也害死人哪！

"喵……"

在没爱上你以前，我一直以为自己是强大的，无坚不摧的。

在爱上你以后，我忽然发现，原来在你面前，我是如此地弱小，只因我最爱看你强悍而又可爱的笑脸……

家有两台电脑，一台、一本，不为别的，只为不抢。

威猛小姐属铁杆网友，经常出没各大论坛，交友无数。可所好之文除了灵异便是八卦，虽说偶然也会为几篇友人之作大声称道，但感叹之余，便如过眼浮云，忘得干净。再就是每逢比赛，便会拉上超人先生。当然，这是没讲价余地的，任务一下，便是不写也得写了。但威猛小姐所写之文也真可称一流，不是自夸，起码，我很喜欢。只是近来跟随动漫之风狂迷火影，时不时地盘膝打坐，所谓凝聚查克拉，然后猛然结印，使出喝水遁、吃饭遁、睡觉遁等招式，让超人先生直接变成木人先生。

超人先生一般都会沉醉于各大科技网站，虽然当年也在论坛小混了几日，还硬着头皮写了几篇小文，但终究是精力有限，几番折腾，便少有问津。但近年来却对百科类网站情有独钟，遂逢某站举行红楼专题，便至此一发不可收，每日点击，不为别的，只是其中诗词甚为勾人，读到恨时竟能热泪盈眶，大有身陷其中之意。

　　本来相安无事各自为王，日子过得挺舒服，可偏偏就生出了些事端。

　　一晚，超人先生正读到黛玉的《葬花吟》，不觉间便随口而出："一朝春尽红颜老，花落人亡两不知！唉！两不知啊！"此时正值威猛小姐之火影演到鸣人口遁说服长门，而长门舍命救助木叶村民，遂鸣人被奉为英雄之感人处，那小姐热泪盈眶。可在此关键时刻，却听得我在这打断好戏，不由得怒火中烧，气发丹田，吼声道："给我闭嘴！"

　　我前一秒还留在美人葬花的悲凄之情，而后一秒却莫名地挨批，这心里怎能平衡。遂奋起至威猛小姐身后，眼神鄙视状："喂，只有小孩子才看动画片吧？这有什么意思啊，跟我看红楼吧，那故事，那小诗，那纠结，你这八个也比不上一个啊，再说了，这可是国粹啊，四大名著，有深度，有内涵，有……"

　　威猛小姐纹丝不动，眼盯屏幕，直至"下集介绍"完了，慢慢地转过身来。

"说完了吧？"她慢悠悠地说道。

"说完了，你要干啥？"我只觉周围的气场有些混沌。

她沉默，慢慢地搬开椅子，整理了一下衣服，表情凝重，而我却被这一幕整傻了，事后想想，竟然忘了躲！

"木叶大旋风！"话至腿至，"八卦掌回天！"话至掌至。

虽然不知道火影以后会不会有牛人能把这两招连起来用，虽然替小李和宁次表示压力很大，虽然我不知道威猛小姐是不是也拜了卡卡西和凯为老师，但是这两招在这小破孩那里，这威力咋就这么大呢？

叶子落了，人已经消失不见，在这夜的深处，好像还能依稀地听到惨叫声。招式和心性到底哪个重要已经有了分晓，恨只恨，黛玉姐姐不会武功。

盛夏，外面天气酷热，特别是在屋里，大有汗蒸之意，超人先生只穿了件背心短裤坐在电脑前奋战 CS，因精神高度紧张，再加上书房通风不善，故大汗淋漓，背心都贴在了身上。

超人先生玩 CS 那可是相当地有历史，想当初某市举办 WCG 大赛，超人先生组队拿了全市第二名，曾代表本市"国家队"参加过 WCG2004 决赛，虽然面对众多小强战绩不佳，但就因为这个，超人先生在本市游戏圈子里还是小有名气的，外号第一悍匪，那 AK47 用的，不是一般地准。虽然说现在年纪大了，成了家，但是对游戏的热情并未全灭，只要有朋友招呼，便马上投入战斗。

这时威猛小姐走了进来，左手拿着一盒冰激凌，右手拿着一只匙子，见超人先生正全神贯注地盯着电脑屏幕，完全没理会她，不由得摇头叹息，但也没说一句，便依着超人先生坐了下来。

一局完毕，超人先生仿佛才看到旁边的人，傻傻地对着小姐嘿嘿一笑，便又开始下一场战斗。

威猛小姐见状，眉梢明显地挑了一挑，但马上恢复平静，开口说道："亲爱的，累了吧？这屋子里多热啊，来，吃口冰激凌吧？"说罢，便抠了大大的一块递到超人先生的嘴边。

玩过 CS 的朋友都知道，那战斗要是打响了，哪还有时间顾及别的？所以，超人连眼睛都没眨，便直接张口吞下。冰凉的气息从口中散发开来，怎一个"爽"字了得……

威猛小姐见没有下文，便开口问道："怎么样？好吃吗？"

"嗯嗯嗯……"超人先生应付着。

威猛小姐见此情景，不由得火从心头起，怒向胆边生，直接抢过键盘按了下 ESC（退出键）。

超人先生被这突如其来的状况整蒙了，因为平时玩游戏的时候，威猛小姐是不会如此强硬的。

威猛小姐："你这一天就知道玩，是不是游戏比我还重要啊？我问你冰激凌好不好吃！你嗯个什么啊你！给我好好说话！"

超人先生被骂得浑身打战，但是面对如此威猛的小姐，只得满脸赔笑地说道："好吃，那是相当地好吃，这么热的天，老婆大人如此关心于我，让小生甚为感动啊，来来，再给我吃一口，嘿嘿，别生气。"

威猛小姐没说话，只是又默默地挖了一块放到超人先生嘴里。

"嗯，爽，嘿嘿，好吃好吃。谢谢老婆大人。"超人先生一脸坏笑，其实心里早就为了游戏百爪挠心了。

"哼，算你识相，本小姐今天心情好，不跟你计较了，哼……"一边说着，一边把键盘扔回到超人先生手里。

超人先生如获至宝般把键盘拿到手里，直接进入游戏。

威猛小姐起身离开，自言自语道："嘿嘿，冰激凌过期两天了，现在看来应该没问题，去吃了。嘿嘿……"说完便一跑一跳地去客厅看电视了。

过期两天？过期两天？牛奶冰激凌？过期两天？

超人先生完全石化，脑子里不断地重复着这个声音。感觉从脑袋上慢慢地长出两只小耳朵，身后还多了一条小尾巴，像什么？实验用的小白鼠。只觉得眼前一片漆黑，而胃里却是一阵诡异的翻腾。

"嘭！"一声枪响，超人先生的 CS 人物应声倒地。

"Counter-terrorists win！"面对这局面，超人先生直接从石化变成碎化了。

"暴头？有没搞错！你在干吗呢？""发什么呆啊！就剩你一个了！没看着？""你刚才去死了吗？能被那个菜鸟打死！你去撞墙吧！"队友们的抱怨从音箱里传来。

"杜小米！看我不掐死你！"超人先生绝望地嘶吼着。

网上说，男人十八岁可以当兵，可二十二岁才可以结婚，这充分证明了老婆要比敌人更难对付的道理。珍爱生命，远离婚姻。

小朋友有时候还是比较可爱的。

每次我在办公室里被经理怒吼着重新写一份企划案的时候，我就开始无比地怀念我的威猛小姐。下班回家的时候买一个冰激凌，便能哄得小朋友在电脑前帮我涂涂改改。第二天交上去的时候，保证一定能过。谁知道呢，这也算她的魔力。虽然说有些东西，在我看来，并不是有多深的造诣，但是往往就那么一点，就决定了是通过，还是被毙掉。看到没，我的自信就是这样在无情的打击下消失的。

超人先生的工作性质常常会让我东南西北地出差，每当这个时候，我便会将家中所有跟零食挂钩的大小垃圾食品统统解决掉。当然，这是为了防止我的小朋友不乖乖吃饭。

就为这事，超人先生和威猛小姐就像警察和小偷一样斗智斗勇无数次。这次，超人先生要去南方某城市学习一星期，听到这个消息的威猛小姐，尽管一脸苦瓜相地帮超人先生收拾东西，可无论我怎么看，小朋友的脸上都带着隐隐约约的笑意。

小朋友这一脸诡异的笑，让我的后背忍不住发毛。会不会在我回家后家里会变成动物园？还是家里要变成垃圾堆？

忙完工作的超人先生实在是心系威猛小姐，工作忙完连招待会也来不及参加就奔回了家。

首先映入眼帘的是乱七八糟的家，杂志丢得到处都是，桌子上堆满了换下来的衣服，两只可怜的鞋子被发带束在餐厅里的椅子上。天啊，这一个星期是怎样的灾难。此刻，房间里静悄悄的。貌似我的小朋友不在家，可今天是周末啊。放下行李，超人先生开始收拾起乱糟糟的家。

衣服丢进洗衣机，书都放回书橱，就连那绣了一半的十字绣，也一并收了起来。可是那个罪魁祸首，在哪里呢？蹑手蹑脚地来到卧室，却看见乱七八糟的床上似乎有生命迹象的存在。

果然，某个家伙正抱着一被子睡得昏天暗地，我笑着看她，正欲走开，后背上却重重地挨了一下。一脸奸笑的威猛小姐不知什么时候已经醒了过来。

"还我银行卡，我要吃薯片，我要吃巧克力，我要吃鸡腿，我要吃肉。啊啊啊啊啊！"此刻的小朋友已经处于半疯状态。

我指指客厅里的袋子。

小朋友立刻跳下床赤脚跑了出去，薯片、巧克力等，所有好吃的，都安安静静地躺在里面。

"啊，幸福死了……"坐在地上张牙舞爪的小朋友得意忘形地大喊。

在路途上想起爱来，觉得最好的爱是两个人彼此做个伴。不要束缚，不要缠绕，不要占有，不要渴望从对方的身上挖掘到意义。而应该是，我们两个人，并排站在一起，看看这个落寞的人间。

爱上你之前，只想单枪匹马去闯荡江湖，看看这五彩斑斓的世界。可爱上你之后，只觉得江湖太远，我不去了。我爱上了给你做饭，陪你睡觉。

每个人都有自己的梦想，每个人都有自己难以忘记的追求。在爱情和婚姻面前，你的梦想何其珍贵，我愿意小心翼翼地呵护，只是最后却发现，原来你所有梦想里，都有我的存在。

威猛小姐有段时间变得神神秘秘，下了班也不直接回家，找借口说去同事家里帮忙。我偷偷跟踪了她一次后，就再也没有跟踪过她。

我的小朋友在下班后又做了一份兼职，教几个上初中的孩子学写作文。平日里只知道她喜欢写那些风花雪月骗人眼泪的东西，却从来没想过有一天能用这种技能去赚钱。我没有揭穿她的小秘密，只是每天晚上便早早在公交站牌下等她回来。

其实，只要她开开心心的，她做什么我都支持。更何况，小朋友从来不晚回家。

两个月以后，小朋友不再去教那几个孩子写作文。她跳下公交车抱住我的时候说了一句话，她说："超人先生，我们可以去买车了！"

我难以置信地看着她，她兴奋得一直说话："我们今年一年攒了十万块钱，我们可以去买一辆自己喜欢的小车了，你再也不用赶那么长时间的公交车去上班，再也不会迟到了被骂了。真的，我们可以有自己的小车了。"

我还能说什么，我只能伸开胳膊紧紧抱住我的小朋友。很久以前，她说她喜欢济南这个城市，想要留下来。她说她想要在济南有个自己的家。她说她想要踏遍祖国的山山水水。她说她要带着她的超人先生去吃遍中国的美味。她说她要给超人先生买一辆属于自己的小车。她说她要给自己写一本书。

她当初有很多梦想，虽然有些事情，在我看来，是有些小孩子气的。可是现在，我的威猛小姐，她的愿望那么小，小心翼翼地攒生活，平平凡凡觉得够用就好。也许，真的应了那句话，不经历风雨，怎么见彩虹。

我们在父母的帮助下攒够了买房子的钱，我们留在了济南，小朋友的新书正在写，小朋友要买车的梦想已经成真。而我想要说的不是这些，小朋友也有不威猛、不强势、不流氓、不耍赖的时候。她说："我从来不相信贫贱夫妻百事哀这句话，我相信只要心中充满希望和目标，我们就一定能拥有想要的一切。"

这一刻我真的很爱我的威猛小姐。

吃完晚饭刷碗的时候，威猛小姐又跑来抱住我，我满手油污地站在水池子前，听她小声地说："超人先生，我想，你要当爸爸了。"

我愣住了，忽然间眼泪夺眶而出，巨大的喜悦将我紧紧包围，这一刹那我已说不出话来。我只能转过身小心翼翼地抱住她，仿佛抱住了整个世界。

我想，生活中本来就没有太多惊天动地的大事，这简单的、平淡的、吵吵闹闹的生活以及被日子逼迫着的相互妥协，就是爱情了。

我爱我的威猛小姐，以及她肚子里的宝宝。

我所能想到的未来，就是能够牵着你的手，从健步如飞走到步履蹒跚，从青丝满头走到白发苍苍。

我所能够想到最浪漫的未来，就是跟你，一起慢慢变老。

除了勇敢，你别无所选

关于勇敢这个词，其实能用到很多地方。有人说，敢于追求自己的幸福就是勇敢；有人说，敢于对不好的人和事说再见，也是一种勇敢；有人说，直面自己的无能为力，坦诚自己的懦弱，是一种勇敢；也有人说，敢于改变自己，挑战自己才是勇敢。

五岁的时候，我们敢在讲台上讲故事，小小的心里满是欢喜，觉得这就是勇敢；十岁的时候敢一个人骑着自行车从学校回到家，感觉自己是大人了；十三岁的时候能一个人在家，还能做面条给自己吃，觉得自己好了不起；十六岁给喜欢的女生写一封情书，在她上学的路上创造偶遇；二十岁的时候想要努力考研；二十五岁的时候想要努力生活；二十八岁和心爱的女孩结婚；三十岁有了宝宝。

你们说，这些都算不算勇敢。我们曾经都是小小的勇士，敢在黑夜里和怪兽决斗，敢在老师父母面前做恶作剧，敢在喜欢的人面前逞英雄。

可是后来，我们都变得胆小了。我们开始害怕被拒绝，被不承认，被利用，被抛弃，甚至害怕得不到。我们在电视剧和电影上看男人女人的爱情故事，羡慕他们有勇气去追逐属于自己的幸福，还安慰自己电视里都是假的。我们在职场上害怕被客户拒绝，害怕被否认，害怕被领导批评，害怕同事中有小人。我们在朋友圈里不敢发表真实的自己，怕被同学朋友看不起，怕父母看了担心，怕领导看了有想法，怕这个也怕那个。

唯独不怕，自己。

写这些故事之前，我曾想，这世间有那么多的不美好，可是同样地，也有那么多的美好。我们总不能因为看到了那些不美好，就放弃了美好。

于是，这些故事里，有笑的，也有流泪的。

没有人会通过一本书几个故事就能成长，而我，也不是老师，我无法用一本书交给你怎样去拥有勇气。我只是想说，为什么年龄越大的我们，胆气就越来越小了呢？

微博上曾经有这么一张图：想念谁，就给他打电话；相见谁，就立马去见他；想吃什么，就立马去买；想去什么地方，就立刻去。

传达的无非就是，想到什么，就立刻去做什么的概念。我有个很好的朋友，身高165，体重曾经达到160斤。说实话，胖子的人生从来都不是幸运的。上学的时候，因为性格好被我们称为开心果，但是她喜欢的男生喜欢别人，喜欢她的男生却又都是胖子。用她的话说，她不想两个胖子吃吃喝喝地过一辈子。

大学毕业那一年她开始减肥，方法很简单，每天十公里，游泳半小时，节食加瑜伽。每个胖子都是一个潜力股，瘦下来的她，露出了自己明亮的眼睛，尖尖的下巴，甚至骨感的锁骨。你问她辛苦不辛苦，她拍着大腿说，减肥真不是人干的事，可是瘦下来，人生真爽啊。我佩服她的勇气，敢于改变自我，狠心地自律。

其实人生很短暂，三岁以前我们没有多少记忆。三岁后开始上幼儿园，一直到大学毕业，这二十多年象牙塔的生活把我们保护得特别好。出了校门踏入社会的那一刻，我们就开始面临着养活自己的问题。

我不想说那些虚无缥缈的理想之类的话，我只想说，在养活自己的过程里，路途从来都不是一帆风顺。就算王思聪，也会有遇到烦恼的时候。关键就是，面对这些东西的时候，你要怎么办？

我无法给你最好的答案，但是我可以告诉你，除了勇往直前，你别无选择！人潮人海中，希望我们都能做自己世界里的勇士，不退缩，不放弃，不改初衷！

小确幸

这是最近非常流行的一句词，小而确定的幸福。

有很多时候，我一直在想，什么才算是真正的幸福。有钱、有房、有车才算幸福吗？也许这也算一种，经济依靠至少会让我们内心充满安全感吧。

写这些故事的时候，我们一家三口去了一趟上海，从山东小城到上海，短短五天的行程，让我感受颇多。且不说上海的生活节奏不是我等小民能适应的，就是上海的生活状态，都不是我们所能理解的。站在地铁换乘站的路中间，你甚至不用刻意，就能感受到身边人群匆匆忙忙的脚步，焦急的情绪以及木然的表情。地铁口便利店里到处都是拿着面包和咖啡牛奶等着结账的年轻人，他们之间很少有交流和沟通。不远处地铁呼啸而过，没有迟疑的脚步，不管人再多，这一班地铁都能塞得进去。

每每这时，我和冯先生推着六六都自觉地退后一点，让他们先走，我对他们，充满了敬畏。敬的是他们能在这样残酷的竞争中杀出一条血路，尽管满身风雨，也一路走过来，在这座不属于自己的城市里站稳脚跟。畏的是，他们身上那股不服输、不肯放弃的勇气。

人这一辈子，其实可以选择的东西有很多，有人选择回到小城，比如我们；有人选择留在大城市里继续打拼，比如很多人。回到小城并不意味着就会过上衣食无忧的神仙生活，留在大城市也并不意味着就会一直难以出头。

只不过，成人的世界，就意味着要对选择负责。我属于选择了小城的人，大城市的繁华和机会也曾经迷花了我的眼，但是当自己亲自漂进去的时候，我才会发现，什么样的生活才适合自己。

更重要的是，我在小城里，找到了自己的小确幸。

每天清晨去公园跑步，看到沾满露珠的花花草草，随手拍下。下班路上看到很新鲜的水果，买几斤回家。晚上带着孩子去广场跳跳广场舞，做几个户外的游戏。周末的时候约三五好友在家聊天吃饭，围着厨房叮叮当当。

在我看来，所谓幸福，并不需要太多的鲜花和甜言蜜语，也不需要太多形式上的东西来凸显。每个人都有让自己幸福的能力，关键是，我们怎样让自己幸福。

威猛小姐和超人先生的故事，是我写的最开心的故事，威猛小姐和超人先生其实并不富有，却过得很让人羡慕。写这个故事的时候，我问超人先生，可不可以从你的视角写。他很慷慨地提供了很多心里话，希望威猛小姐不会揍他。从他们身上，我看到了幸福本来的模样，也看到了威猛小姐在追求自己幸福生活的时候，所展现的各种勇气。有些时候，爱真的需要勇气。

说实话，我并不是一个传统意义上的鸡汤写手，我并不会写那些冠冕堂皇的大道理。就如我上一本书，看过的朋友给我一个定义，我是一个接地气的码字工。没有大道理，没有严苛的说教，没有专业的数据，有的，只是平凡人生中遇到的每一个故事。

这些故事，有些是真实的，有些是虚构的，但是真也罢，假也罢。最重要的是，故事背后的那些事，能带给你们什么样的启示。

没有人会通过一本书改变自己的命运，但是这寥寥长夜，我希望能陪你一点儿时间，不管你是幸福的，还是悲伤的，是迷茫的，还是充满希望的，我都只想跟你说，嘿，朋友，带着你的勇气，勇往直前！